“十四五”职业教育国家规划教材配套用书

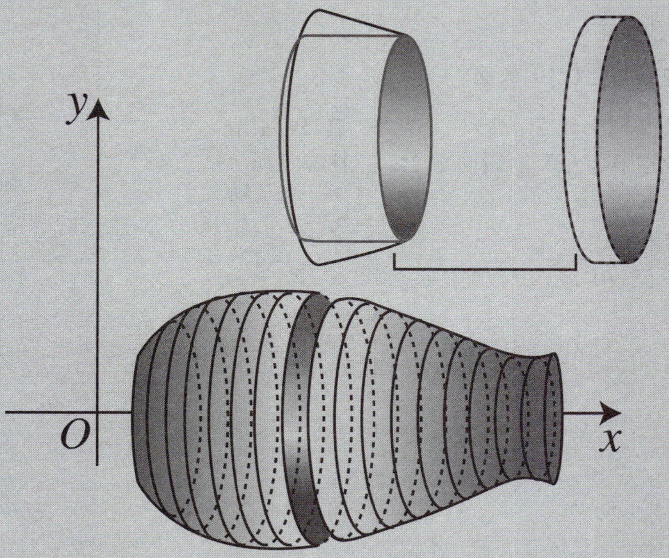

高等数学同步训练

主编 张 琪 赵昌宇 赵巧蓉

北京邮电大学出版社
www. buptpress. com

内容简介

本书共分为五章，内容包括函数与极限、导数与微分、导数的应用、函数的积分、常微分方程。本书既可作为高等职业院校各专业高等数学课程的练习册，也可作为相关人员的学习资料。

图书在版编目(CIP)数据

高等数学同步训练 / 张琪，赵昌宇，赵巧蓉主编. 北京：北京邮电大学出版社，2024. -- ISBN 978-7-5635-7258-8

Ⅰ. O13-44

中国国家版本馆 CIP 数据核字第 2024AN6138 号

策划编辑：金颖杰　　**责任编辑：**高　宇　　**封面设计：**刘文东

出版发行：北京邮电大学出版社
社　　址：北京市海淀区西土城路 10 号
邮政编码：100876
发 行 部：电话：010-62282185　传真：010-62283578
E-mail：publish@bupt.edu.cn
经　　销：各地新华书店
印　　刷：三河市骏杰印刷有限公司
开　　本：787 mm×1 092 mm　1/16
印　　张：8
字　　数：195 千字
版　　次：2024 年 7 月第 1 版
印　　次：2024 年 7 月第 1 次印刷

ISBN 978-7-5635-7258-8　　定　价：26.00 元

·如有印装质量问题，请与北京邮电大学出版社发行部联系·

服务电话：400-615-1233

前言

高等数学课程能够为学生学习后续专业课程和解决实际问题提供必不可少的数学思想及常用的数学基础知识和基本方法，高等数学的教学目标为：让学生掌握微积分的基本理论与基本运算，掌握学习后续课程必需的数学基础知识，能运用数学知识解决简单的实际问题，初步形成以“数学方式”思考问题、解决问题的能力。同步训练是一种有目的、有组织、有指导的数学学习实践活动的载体，是学生将所学数学知识转化为数学技能、技巧，形成数学能力的重要手段和途径。

本书结合高等职业院校一线教师教学经验编写而成，全书共分为五章，内容包括函数与极限、导数与微分、导数的应用、函数的积分、常微分方程。本书既可作为高等职业院校各专业高等数学课程的练习册，也可作为相关人员的学习资料。

本书在编写过程中，充分考虑了高等职业教育的特点，每节内容配有数量及难度适合的练习题，练习题由易到难、由浅入深、循序渐进，便于学生对知识点进行消化吸收、巩固掌握。每章后配有 A、B 两套复习题：A 为基础题，侧重对基础知识、基本技能的考查，旨在夯实基础，提高技能；B 为提高题，侧重对综合能力的考查，旨在检验学生的学习效果。全书最后设置三套综合测试题，题目与知识点对应，题型全面，能够辅助学生巩固所学知识、查漏补缺。

本书由山西职业技术学院张琪、赵昌宇、赵巧蓉任主编，山西职业技术学院赵志英、张荣芳、许亚鹏、张俊青、闫云霞参与了编写。编者在编写本书的过程中参考了一些教材及资料，在此向相关作者表示诚挚的谢意！

由于编者水平有限，书中难免存在不足之处，敬请广大读者批评指正。

编　者

目录

第 1 章　函数与极限

1.1 函　　数

1. 填空题.

(1)设函数 $f(x)=e^x$,$g(x)=\sin x$,则 $f[g(x)]=$__________.

(2)设函数 $f(x+2)=x^2-2x+3$,则 $f[f(2)]=$__________.

(3)函数 $f(x)=\sqrt{x^2-4}+\sqrt{4-x^2}$ 的定义域是__________.

(4)函数 $y=\arcsin(x-2)$ 的定义域是__________.

2. 选择题.

(1)下列各组函数中,表示同一函数的是(　　).

A. $f(x)=\ln x^2$,$g(x)=2\ln x$　　B. $f(x)=\sqrt{x^2}$,$g(x)=x$

C. $f(x)=\sqrt{x^2}$,$g(x)=(\sqrt{x})^2$　　D. $f(x)=\frac{(\sqrt{x})^2}{x}$,$g(x)=\frac{x}{(\sqrt{x})^2}$

(2)下列函数中为偶函数的是(　　).

A. $f(x)=x+\sin x$　　B. $f(x)=x\cos 3x$

C. $f(x)=2^x+2^{-x}$　　D. $f(x)=2^x-2^{-x}$

(3)下列函数中既是奇函数又是单调增加函数的是(　　).

A. $\sin^3 x$　　B. x^3+1

C. x^3+x　　D. x^3-1

(4)下列函数是有界函数的是(　　).

A. $f(x)=x+\sin x$　　B. $f(x)=e^x$

C. $f(x)=\arcsin x+2$　　D. $f(x)=x\sin x$

(5)$y=\sin^2 x$ 是(　　).

A. 最小正周期为 π 的偶函数　　B. 最小正周期为 π 的奇函数

C. 最小正周期为 2π 的偶函数　　D. 最小正周期为 2π 的奇函数

3. 求下列函数的定义域.

(1) $y=\ln(x+1)$；

(2) $y=\arcsin\frac{2x-1}{7}$；

(3) $y=\sqrt{2-|x|}$；

(4) $y=\ln\frac{1}{1-x}+\sqrt{x+2}$；

(5) $y=\ln(5-x)+\arcsin\frac{x-1}{6}$；

(6) $y=\ln(\ln x)$；

(7) $y=\sqrt{\frac{x-1}{x+1}}$；

(8) $y=\begin{cases}-x, & -1\leqslant x\leqslant 0,\\ \sqrt{3^x-1}, & 0<x<2.\end{cases}$

4. 设 $f(x)=\begin{cases} x+1, & x<1, \\ 2, & x=1, \\ x^2+1, & x>1. \end{cases}$

(1)确定函数的定义域；

(2)求 $f(0),f(1),f(2)$.

5. 指出下列函数的复合过程.

(1) $y=\cos x^2$；

(2) $y=\ln(\sin^5 x)$；

(3) $y=\sin^3(2x+5)$；

(4) $y=e^{\sin 3x}$；

(5) $y=2^{\ln(x^3+2)}$；

(6) $y=\sqrt{\arcsin(3x-1)}$.

6. 求下列函数的反函数.

(1) $y=2x-1$；

(2) $y=\frac{1-3x}{x-2}$；

(3) $y=\log_4 2+\log_4 \sqrt{x}$；

(4) $y=3^x+2$.

7. 判断下列函数的奇偶性.

(1) $y=x^2(1-x^2)$；

(2) $y=\frac{1-x^2}{1+x^2}$；

(3) $y=|\sin x|$；

(4) $y=\sin x-\cos x+1$；

(5) $y=x(x-1)(x+1)$；

(6) $y=\tan x+x$.

8. 用长度为 l 的铁丝围成一个矩形，设矩形的一边长为 x，将矩形面积 S 表示为 x 的函数并指出其定义域.

9. 旅客乘坐飞机时，可免费携带不超过 20 kg 的物品，超过 20 kg 的部分，收费为 0.50 元/kg，超过 50 kg 的部分，每千克再加收 50%．试列出收费与物品质量的函数关系式.

1.2 极限的概念

1. 选择题.

(1)下列数列中具有极限的是(   ).

A. $a_n=(-1)^n\frac{n-1}{n}$

B. $a_n=\frac{1}{\sqrt{n}}$

C. $a_n=\sin\frac{n\pi}{2}$

D. $a_n=\ln(1+n^2)$

(2)函数 $f(x)$ 在 x_0 处左、右极限均存在是 $\lim\limits_{x\to x_0}f(x)$ 存在的(   ).

A. 充分条件

B. 必要条件

C. 充要条件

D. 无关条件

(3)下列极限不存在的是(   ).

A. $\lim\limits_{x\to 0}\frac{x}{x^2+1}$

B. $\lim\limits_{x\to 1}(x^2+1)$

C. $\lim\limits_{x\to -\infty}e^x$

D. $\lim\limits_{x\to +\infty}e^x$

(4)设 $f(x)=\begin{cases}3x+2, x\leqslant 0,\\ x^2-2, x>0,\end{cases}$ 则 $\lim\limits_{x\to 0^+}f(x)=$(   ).

A. 2

B. -2

C. -1

D. 0

2. 观察下列数列的变化趋势,若极限存在,求出其极限.

(1)$a_n=\frac{1}{n}$;

(2)$a_n=2-\frac{1}{n^2}$;

(3)$a_n=n-\frac{1}{n}$;

(4)$a_n=-3$;

(5) $a_n=(-1)^n$；　　　　(6) $a_n=\left(\frac{2}{3}\right)^n$；

(7) $a_n=(-1)^n 3n$；　　　　(8) $a_n=\sqrt{n}$.

3. 设函数 $f(x)=\begin{cases} e^x+1, & x>0, \\ 2x+b, & x\leqslant 0, \end{cases}$ 要使极限 $\lim\limits_{x\to 0}f(x)$ 存在，b 应取何值？

4. 设函数 $f(x)=\begin{cases} ae^x, & x<0, \\ ax+2, & x>0 \end{cases}$ 在 $x=0$ 处有极限，求 $f(-1)$ 的值.

5. 指出下列各题中函数在相应的自变量的趋向下是无穷大还是无穷小.

(1) $e^x (x \to -\infty)$；

(2) $\lg x (x \to 1)$；

(3) $\dfrac{x^2-4}{x+1} (x \to -1)$；

(4) $e^{-x}-1 (x \to 0)$；

(5) $\ln|x| (x \to 0)$；

(6) $\tan x \left(x \to -\dfrac{\pi}{2}\right)$.

6. 说明下列函数极限不存在的原因.

(1) $\lim\limits_{x\to\frac{3\pi}{2}}\tan x$；

(2) $\lim\limits_{x\to\infty}\cos x$；

(3) $\lim\limits_{x\to\infty}e^x$；

(4) $\lim\limits_{x\to\infty}\arctan x$；

(5) $f(x)=\begin{cases} x, & x<3, \\ 0, & x=3, \\ x-3, & x>3, \end{cases}$ 求 $\lim\limits_{x\to3}f(x)$；

(6) $f(x)=\begin{cases} \dfrac{1}{x}, & x\leqslant1, \\ x^2-2, & x>1, \end{cases}$ 求 $\lim\limits_{x\to1}f(x)$.

1.3 极限的计算

1. 填空题.

(1)若$\lim\limits_{x\to\infty}\left(1+\dfrac{2}{x}\right)^{-kx}=e^{-2}$,则 $k=$__________.

(2)若$\lim\limits_{x\to 0}\dfrac{\tan ax}{\sin 3x}=-2$,则 $a=$__________.

(3)$\lim\limits_{x\to 0}\left(x\sin\dfrac{1}{x}-\dfrac{1}{x}\sin x\right)=$__________.

2. 选择题.

(1)下列极限计算正确的是(　　).

A. $\lim\limits_{x\to\infty}\dfrac{\sin x}{x}=0$

B. $\lim\limits_{x\to\infty}\dfrac{\sin x}{x}=1$

C. $\lim\limits_{x\to\infty}x\sin\dfrac{1}{x}=0$

D. $\lim\limits_{x\to 0}x\sin\dfrac{1}{x}=1$

(2)$\lim\limits_{x\to 2}\dfrac{\sin(x^2-4)}{x-2}=$(　　).

A. 1

B. 0

C. 4

D. $\dfrac{1}{2}$

(3)下列结论正确的是(　　).

A. $\lim\limits_{x\to\infty}\left(1-\dfrac{1}{x}\right)^{x}=e$

B. $\lim\limits_{x\to\infty}\left(1+\dfrac{1}{x}\right)^{-x}=e$

C. $\lim\limits_{x\to\infty}\left(1-\dfrac{1}{x}\right)^{1-x}=e$

D. $\lim\limits_{x\to\infty}\left(1+\dfrac{1}{x}\right)^{2x}=e$

(4)当 $x\to 3$ 时,x^2-9 与 $x-3$ 的关系是(　　).

A. x^2-9 与 $x-3$ 互为等价无穷小

B. x^2-9 与 $x-3$ 互为同阶无穷小

C. x^2-9 是 $x-3$ 的高阶无穷小

D. x^2-9 是 $x-3$ 的低阶无穷小

(5)当 $x\to 0$ 时,下列函数中为 x 的高阶无穷小的是(　　).

A. $1-\cos x$

B. $x+x^2$

C. $\sin x$

D. $\sqrt{x}$

3. 求下列极限.

(1) $\lim\limits_{x\to 2}[x^3-x(x-1)+2]$；

(2) $\lim\limits_{x\to 0}\left(1-\dfrac{2}{x-3}\right)$；

(3) $\lim\limits_{x\to 1}\dfrac{x^2-3x+2}{1-x^2}$；

(4) $\lim\limits_{x\to 0}\dfrac{x}{\sqrt{x+4}-2}$；

(5) $\lim\limits_{x\to 4}\dfrac{\sqrt{2x+1}-3}{\sqrt{x-2}-\sqrt{2}}$；

(6) $\lim\limits_{x\to\infty}\dfrac{1\,000x}{1+x^2}$；

(7) $\lim\limits_{x\to\infty}\dfrac{x^3+3x-5}{2x^3-x^2-1}$；

(8) $\lim\limits_{n\to\infty}\dfrac{n(n+1)}{(n-1)(n+2)}$；

(9) $\lim\limits_{x\to\infty}\dfrac{x^2+2x-5}{x^3+x+5}$；

(10) $\lim\limits_{x\to 0}\dfrac{x^2+2x-5}{x^3+x+5}$；

(11) $\lim\limits_{x\to 0}x\cos\dfrac{1}{x}$；

(12) $\lim\limits_{x\to\infty}\dfrac{x^2+\sin x}{2x^2-\cos x}$；

(13) $\lim\limits_{x\to\infty}\dfrac{3x^2-x\sin x}{x^2+\cos x+1}$；

(14) $\lim\limits_{x\to 0}\dfrac{e^{2x}-1}{x}$；

(15) $\lim\limits_{x\to 0}\dfrac{\sin x-\tan x}{(\sqrt[3]{1+x^2}-1)(\sqrt{1+\sin x}-1)}$；

(16) $\lim\limits_{n\to\infty}(\sqrt{n^2+n}-n)$；

(17) $\lim\limits_{x\to+\infty}(\sqrt{4x^2+3x+1}-\sqrt{4x^2-3x-2})$；

(18) $\lim\limits_{x\to0}\dfrac{\sin 5x}{x}$；

(19) $\lim\limits_{x\to0}\dfrac{\sin 3x}{\sin 6x}$；

(20) $\lim\limits_{x\to0}\dfrac{x(x+3)}{\sin x}$；

(21) $\lim\limits_{x\to-\pi}\dfrac{\sin(x+\pi)}{2(x+\pi)}$；

(22) $\lim\limits_{x\to0}\dfrac{\sin^2 x}{\sin x^2}$；

(23) $\lim\limits_{x\to 0}\left(\dfrac{1}{x\sin x}-\dfrac{1}{x\tan x}\right)$；

(24) $\lim\limits_{x\to -1}\dfrac{\sin(x^2-1)}{x+1}$；

(25) $\lim\limits_{x\to\infty}\left(1+\dfrac{2}{x}\right)^{2x}$；

(26) $\lim\limits_{x\to\infty}\left(\dfrac{1+x}{x}\right)^{-x}$；

(27) $\lim\limits_{x\to\infty}\left(1-\dfrac{2}{x}\right)^{\frac{x}{2}-1}$；

(28) $\lim\limits_{x\to\infty}\left(\dfrac{2x+3}{2x+1}\right)^{x+1}$.

1.4 函数的连续性

1. 判断题.

(1)若函数 $f(x)$在 x_0 处有定义,且$\lim\limits_{x\to x_0}f(x)=A$,则 $f(x)$在 x_0 处连续. ( )

(2)若函数 $f(x)$在 x_0 处连续,则$\lim\limits_{x\to x_0}f(x)$必存在. ( )

(3)若函数 $f(x)$在$(-\infty,+\infty)$处连续,则它在闭区间$[a,b]$上一定连续. ( )

(4)初等函数在其定义区间内一定连续. ( )

(5)分段函数必存在间断点. ( )

2. 选择题.

(1)函数 $f(x)=5x^2$,自变量 x 有增量 Δx 时,函数 $f(x)$的相应增量 $\Delta y=$( ).

A. $10x\Delta x$

B. $10+5\Delta x$

C. $10x\Delta x+5(\Delta x)^2$

D. $10\Delta x+(\Delta x)^2$

(2)函数 $f(x)$在点 x_0 处极限存在是 $f(x)$在点 x_0 处连续的( ).

A. 充分条件

B. 必要条件

C. 充要条件

D. 无关条件

(3)若点 x_0 为函数 $f(x)$的间断点,则下列说法不正确的是( ).

A. 若极限$\lim\limits_{x\to x_0}f(x)=A$存在,但 $f(x)$在 x_0 处无定义,或者虽然 $f(x)$在 x_0 处有定义,但 $A\neq f(x_0)$,则称 x_0 为 $f(x)$的可去间断点

B. 若极限$\lim\limits_{x\to x_0^+}f(x)=A$与极限$\lim\limits_{x\to x_0^-}f(x)=B$存在但不相等,则称 x_0 为 $f(x)$的跳跃间断点

C. 跳跃间断点与无穷间断点合称为第二类间断点

D. 跳跃间断点与可去间断点合称为第一类间断点

(4)函数 $f(x)=\begin{cases}x+1, x\leqslant 1,\\ 2+x, x>1\end{cases}$ 在点 $x=1$ 处间断是由于( ).

A. $\lim\limits_{x\to 1^-}f(x)$不存在

B. $\lim\limits_{x\to 1^+}f(x)$不存在

C. $f(x)$在 $x=1$ 处无定义

D. $\lim\limits_{x\to 1^-}f(x)\neq\lim\limits_{x\to 1^+}f(x)$

(5)设函数 $f(x)=\begin{cases}\arctan\dfrac{1}{x}, & x\neq 0,\\ -\dfrac{\pi}{2}, & x=0,\end{cases}$ 则 $f(x)$ 在点 $x=0$ 处(　　).

A. 连续　　　　B. 左连续

C. 右连续　　　　D. 无定义

3. 设函数 $f(x)=\begin{cases}e^{x}, & x<0,\\ x+a, & x\geqslant 0\end{cases}$ 在 $(-\infty,+\infty)$ 内连续,求 a 的值.

4. 求函数 $f(x)=\dfrac{x^3+3x^2}{x^2+x-6}$ 的连续区间,计算极限 $\lim\limits_{x\to -3}f(x)$, $\lim\limits_{x\to 0}f(x)$ 及 $\lim\limits_{x\to 2}f(x)$,并求 $f(x)$ 的间断点及其类型.

5. 设函数 $f(x)=\begin{cases} x^2\sin\dfrac{1}{x}, & x>0, \\ a+x^2, & x\leqslant 0, \end{cases}$ 讨论 $f(x)$ 的连续性.

6. 设函数 $f(x)$ 在 $[a,b]$ 上连续，且对 $[a,b]$ 上任意一点 x_0，$f(x_0)\in[a,b]$. 证明：存在一点 $c\in[a,b]$，使得 $f(c)=c$.

第 1 章　复习题 A

1. 填空题.

(1)函数 $y=\dfrac{\sqrt{2x+1}}{2x^2-x-1}$的定义域是______________.

(2)函数 $y=e^x+1$ 与 $y=\ln(x-1)$的图像关于直线________对称.

(3)设函数 $f(x)=\begin{cases}\dfrac{1}{2},|x|\leqslant 1,\\ 0,|x|>1,\end{cases}$则函数 $f[f(x)]=$________.

(4)复合函数 $y=\sqrt{\ln(x+1)}$是由______________复合而成的.

(5)$\lim\limits_{x\to\infty}\left(1+\dfrac{2}{x}\right)^x=$________;$\lim\limits_{x\to 0}(1-3x)^{\frac{1}{x}}=$______________.

(6)$\lim\limits_{n\to\infty}\dfrac{4n^3-n+1}{5n^3+n^2+n}=$________.

(7)函数 $y=\dfrac{\sqrt{x+2}}{(x+1)(x-4)}$的连续区间为______________.

(8)已知函数 $f(x)=\begin{cases}\dfrac{k}{1+x^2},x\geqslant 1,\\ 3x^2+2,x<1\end{cases}$在 $x=1$ 处连续,则常数 $k=$________.

2. 选择题.

(1)下列函数中定义域为$[-1,1]$的是(　　).

A. $y=\ln(1-x^2)$　　B. $y=e^{\sin x}$

C. $y=\arcsin x$　　D. $y=\sqrt[3]{1-x^2}$

(2)设函数 $f(x)$在$(-\infty,+\infty)$内为奇函数,则 $F(x)=f(x)\arcsin x$ 图像的对称轴是(　　).

A. x 轴　　B. y 轴

C. 直线 $y=x$　　D. 直线 $y=-x$

(3)如果 $f\left(\dfrac{1}{x}\right)=\left(\dfrac{x+1}{x}\right)^2$,那么 $f(x)=$(　　).

A. $\left(\dfrac{x}{x+1}\right)^2$　　B. $\left(\dfrac{x+1}{x}\right)^2$

C. $(1+x)^2$　　D. $1-x^2$

(4)下列极限存在的是(　　).

A. $\lim\limits_{x\to\infty}\frac{x(x+1)}{x^2}$　　B. $\lim\limits_{x\to 0}\frac{1}{2^x-1}$

C. $\lim\limits_{x\to 0}e^{\frac{1}{x}}$　　D. $\lim\limits_{x\to+\infty}\sqrt{\frac{x^2+1}{x}}$

(5)已知当 $x\to 0$ 时，$2-2\cos x\sim ax^2$，则 a 的值是(　　).

A. 1　　B. 2

C. $\frac{1}{2}$　　D. -1

(6)函数 $f(x)$在点 x_0 处连续是 $f(x)$在 x_0 处有定义的(　　).

A. 必要条件　　B. 充分条件

C. 充要条件　　D. 无关条件

(7)若使函数 $f(x)=\begin{cases}\sin\frac{1}{x}+1, x>0,\\ 1, x=0,\\ b, x<0\end{cases}$ 在 $x=0$ 处连续，则(　　).

A. $b=0$

B. $b=1$

C. $b=2$

D. 无论 b 取怎样的常数，都不可能使函数在 $x=0$ 处连续

3. 求由 $f(x)=\arcsin x$，$\varphi(x)=\ln x$ 复合而成的函数 $\varphi[f(x)]$的定义域.

4. 设 $f\left(x-\frac{1}{x}\right)=\frac{x^3-x}{x^4+1}(x\neq 0)$，求 $f(x)$.

5. 要设计一个容积为 $V=20\pi\ \mathrm{m}^3$ 的有盖圆柱形水桶，已知桶盖单位面积造价是侧面的一半，而侧面单位面积造价又是底面的一半，设桶盖造价为 a（单位：元/m^2），试写出水桶总造价 P 关于水桶底面半径 r 的函数.

6. 求下列极限.

(1) $\lim\limits_{x\to -1}\frac{x^2+2x+5}{x^2+1}$；

(2) $\lim\limits_{x\to 1}\frac{x^2-1}{2x^2-x-1}$；

(3) $\lim\limits_{x\to 0}\dfrac{\sqrt{x+9}-3}{x}$；

(4) $\lim\limits_{x\to\infty}\dfrac{1+x-3x^2}{1+x+3x^2}$；

(5) $\lim\limits_{x\to\infty}\left(\dfrac{2x}{3-x}-\dfrac{2+x}{3x^2}\right)$；

(6) $\lim\limits_{x\to\infty}\dfrac{2+x^6}{x^2+5x^4}$；

(7) $\lim\limits_{x\to\infty}x^2\left(\dfrac{1}{x+1}-\dfrac{1}{x-1}\right)$；

(8) $\lim\limits_{x\to\infty}\dfrac{x-\cos x}{x}$；

(9) $\lim\limits_{x\to\infty}\dfrac{x^2+1}{x^3+1}(3+\cos x)$；

(10) $\lim\limits_{x\to 0}\dfrac{\ln(1-2x)}{x}$；

(11) $\lim\limits_{x\to 0}\dfrac{\ln(1-x^2)}{\arcsin^2 3x}$；

(12) $\lim\limits_{x\to 0}\dfrac{\tan x-\sin x}{x^2\ln(1-x)}$；

(13) $\lim\limits_{n\to\infty}\dfrac{1}{n^2}(1+2+3+\cdots+n)$；

(14) $\lim\limits_{n\to\infty}\left(1+\dfrac{1}{2}+\dfrac{1}{4}+\cdots+\dfrac{1}{2^n}\right)$；

(15) $\lim\limits_{x\to\infty}(x-1)\sin\dfrac{1}{x-1}$；

(16) $\lim\limits_{x\to 0^-}\dfrac{2x}{\sqrt{1-\cos x}}$；

(17) $\lim\limits_{x\to\infty}\left(\dfrac{x}{1+x}\right)^{5x+2}$；

(18) $\lim\limits_{x\to\infty}\left(\dfrac{x+3}{x-2}\right)^{x}$.

7. 当 $x \to 1$ 时，无穷小 $1-x$ 与下列的无穷小是不是等价无穷小？

(1) $1-x^3$；

(2) $\frac{1}{2}(1-x^2)$；

(3) $\arcsin(x-1)$；

(4) $\ln(2-x)$.

8. 选择适当的 a 值，使函数 $f(x)=\begin{cases}\frac{2}{x}, & x \geqslant 1, \\ a\cos \pi x, & x<1\end{cases}$ 在 $(-\infty,+\infty)$ 内连续.

9. 讨论分段函数 $f(x)=\begin{cases}\sin x, x<0, \\ x, \quad 0\leqslant x\leqslant 1, \\ \dfrac{1}{x-1}, x>1\end{cases}$ 的连续性，若有间断点，指出它属于哪类间断点.

10. 验证方程 $4x=2^x$ 有一个根在区间$\left(0,\dfrac{1}{2}\right)$内.

第1章 复习题B

1. 填空题.

(1)设 $f(x)=\begin{cases}\sqrt{1-x^2}, & |x|\leqslant 1,\\ \ln(2-x), & 1<x<2,\end{cases}$ 则其定义域为__________.

(2)设 $f(x)=\dfrac{ax}{2x+3}$,且 $f[f(x)]=x$,则 $a=$__________.

(3)$\lim\limits_{x\to 0}x^3\sin\dfrac{1}{x}=$__________;$\lim\limits_{x\to\infty}x\sin\dfrac{1}{x}=$__________.

(4)设 $\lim\limits_{x\to 0}\dfrac{f(2x)}{x}=\dfrac{2}{3}$,则 $\lim\limits_{x\to 0}\dfrac{x}{f(3x)}=$__________.

(5)设 $f(x)$ 在 $x=1$ 处连续,且 $\lim\limits_{x\to 1}\dfrac{f(x)-2}{x-1}=1$,则 $f(1)=$__________.

(6)函数 $f(x)=\dfrac{1}{x^2-3x+2}$ 的间断点为__________.

(7)函数 $y=2^{\sin(3x-1)}$ 是由__________、__________和__________复合而成的.

(8)$y=|\sin x|$ 的最小正周期为__________.

(9)若 $\lim\limits_{x\to 1}\dfrac{x^2+ax+b}{x-1}=-5$,则 $a=$__________,$b=$__________.

(10)若 $\lim\limits_{x\to 0}\dfrac{3\sin mx}{2x}=\dfrac{2}{3}$,则 $m=$__________.

(11)若 $f(x-1)=x^2+3x-2$,则 $\lim\limits_{x\to 0}f(x)=$__________.

2. 选择题.

(1)函数 $y=\lg(x-1)$ 在区间(　　)内有界.

A. $(1,+\infty)$　　B. $(2,+\infty)$

C. $(1,2)$　　D. $(2,3)$

(2)若 $\lim\limits_{x\to\infty}\left(1-\dfrac{2}{x}\right)^{kx}=e^3$,则 $k=$(　　).

A. $\dfrac{3}{2}$　　B. $\dfrac{2}{3}$

C. $-\dfrac{3}{2}$　　D. $-\dfrac{2}{3}$

(3)对初等函数来说,其连续区间一定是(　　).

A. 开区间　　B. 闭区间

C. $(-\infty,+\infty)$　　D. 其定义区间

(4) $x=-1$ 是函数 $f(x)=\frac{x^2-1}{x+1}$ 的(　　)间断点.

A. 跳跃　　B. 可去　　C. 无穷　　D. 振荡

(5) 函数 $\lim\limits_{x\to x_0^-} f(x)=A$, $\lim\limits_{x\to x_0^+} f(x)=A$, 则下列说法正确的是(　　).

A. $f(x_0)=A$

B. $\lim\limits_{x\to x_0} f(x)=A$

C. $f(x)$ 在点 x_0 有定义

D. $f(x)$ 在点 x_0 处连续

(6) 若 $f(x)=\begin{cases}\frac{1}{x}\sin x, & x<0,\\ q, & x=0,\\ x\sin\frac{1}{x}+p, & x>0\end{cases}$ 在分段点 $x=0$ 处连续, 则常数 p,q 的值为(　　).

A. $p=0,q=0$

B. $p=0,q=1$

C. $p=1,q=0$

D. $p=1,q=1$

(7) 函数 $y=\lg\frac{1+x}{1-x}$ 的奇偶数为(　　).

A. 奇函数

B. 偶函数

C. 非奇非偶函数

D. 既是奇函数又是偶函数

(8) $f(x)$ 在点 $x=x_0$ 处有定义是函数 $f(x)$ 在点 x_0 处连续的(　　).

A. 必要不充分条件

B. 充分不必要条件

C. 充要条件

D. 既不充分也不必要条件

(9) 当 $x\to 0^+$ 时,(　　)与 x 是等价无穷小.

A. $\frac{\sin x}{\sqrt{x}}$

B. $\ln(1-x)$

C. $\sqrt{1+x}-\sqrt{1-x}$

D. $x^2(x+1)$

3. 设 $f(x)=\begin{cases}x^2, & x<0,\\ x+1, & x\geqslant 0.\end{cases}$

(1) 写出 $f(x)$ 的定义域;

(2) 作出函数 $f(x)$ 的图形;

(3)求出 $\lim\limits_{x\to 0^-} f(x)$, $\lim\limits_{x\to 0^+} f(x)$, $\lim\limits_{x\to 0} f(x)$ 及 $\lim\limits_{x\to 1} f(x)$;

(4)讨论函数在 $x=0$ 处的连续性,若间断,指出间断点的类型.

4. 判断下列各式是无穷小还是无穷大.

(1)$\dfrac{1+2x}{x^2}(x\to\infty)$;　　(2)$e^x(x\to+\infty)$;　　(3)$3^{\frac{1}{x}}(x\to 0^+)$.

5. 求下列极限.

(1)$\lim\limits_{x\to\infty}\dfrac{2}{x}\arctan x$;　　(2)$\lim\limits_{n\to\infty}\dfrac{2^{n+1}+3^{n+1}}{2^n+3^n}$;

(3)$\lim\limits_{x\to 1}\dfrac{\sqrt{x+2}-\sqrt{3}}{x-1}$;　　(4)$\lim\limits_{x\to\infty}x\tan\dfrac{1}{x}$;

(5) $\lim\limits_{x \to \frac{\pi}{2}} (1+\cos x)^{2\sec x}$；

(6) $\lim\limits_{x \to 0} \frac{\sqrt{1-x^2}-1}{1-\cos x}$；

(7) $\lim\limits_{x \to \pi} \frac{\sin x}{\pi^2 - x^2}$；

(8) $\lim\limits_{x \to 0} \frac{\ln(1+2x)}{3x}$；

(9) $\lim\limits_{x \to \infty} \left(\frac{2-x}{3-x}\right)^x$；

(10) $\lim\limits_{x \to +\infty} x(\sqrt{1+x^2}-x)$；

(11) $\lim\limits_{x \to +\infty} \left(\frac{2+x}{x}\right)^x$；

(12) $\lim\limits_{x \to 0} \frac{\tan x - \sin x}{x^3}$.

6. 已知 a,b 为常数，$\lim\limits_{x\to\infty}\dfrac{ax^2+bx+5}{x+2}=5$，求 a,b 的值.

7. 求出下列函数的间断点，并指出其类型.

(1) $y=\dfrac{x^2-1}{x^2-3x+2}$；　(2) $y=\begin{cases} e^x, & x<0, \\ 1, & x=0, \\ x, & x>0; \end{cases}$　(3) $y=\cos\dfrac{1}{x^2}$.

8. 证明：方程 $x-2\sin x=1$ 至少有一个小于 3 的正根.

9. 当 $x\to1$ 时，$1-x$ 与 $1-\sqrt[3]{x}$ 是否同阶，是否等价？

第 2 章　导数与微分

2.1　导数的概念

1. 判断题.

(1)设 $f'(x_0)$存在，则$\lim\limits_{\Delta x\to 0}\dfrac{f(x_0-\Delta x)-f(x_0)}{\Delta x}=-f'(x_0)$.　　(　　)

(2)$y=\sin x$，则$y^{(10)}=-\sin x$.　　(　　)

2. 填空题.

(1)已知 $f'(3)=2$，则$\lim\limits_{h\to 0}\dfrac{f(3-h)-f(3)}{2h}=$ ________.

(2)已知函数 $y=f(x)$在点 x_0 处的导数 $f'(x_0)=0$，则曲线 $y=f(x)$在点$(x_0,f(x_0))$处的切线为 ________；若 $f'(x_0)=\infty$，则曲线 $y=f(x)$在点$(x_0,f(x_0))$处的切线方程为 ________.

(3)曲线 $y=\ln x$ 在点$(1,0)$处的切线方程为 ________.

(4)过曲线 $y=x^2$ 上某点的切线与直线 $y=2x-3$ 平行，则该点的坐标为________.

3. 已知 $f(x)$在 $x=x_0$ 处可导，且 $f'(x_0)=A$，求：

(1)$\lim\limits_{\Delta x\to 0}\dfrac{f(x_0+\Delta x)-f(x_0)}{2\Delta x}$；　　(2)$\lim\limits_{\Delta x\to 0}\dfrac{f(x_0-\Delta x)-f(x_0)}{\Delta x}$；

(3) $\lim\limits_{\Delta x\to 0}\dfrac{f(x_0+3\Delta x)-f(x_0)}{\Delta x}$;

(4) $\lim\limits_{\Delta x\to 0}\dfrac{f(x_0+\Delta x)-f(x_0+3\Delta x)}{\Delta x}$.

4. 设 $f(x)=\begin{cases}e^x, & x\leqslant 0,\\ 2x+1, & x>0,\end{cases}$ 试确定函数在 $x=0$ 处的可导性.

5. 设函数 $f(x)=\begin{cases}ae^{2x}, & x<0,\\ 2-bx, & x\geqslant 0\end{cases}$ 在 $x=0$ 处可导,求常数 a,b,并求 $f'(0)$.

2.2 导数的求导法则

1. 判断题.

(1) 函数乘积的导数等于函数导数的乘积. ( )

(2) $\left(\sin\frac{\pi}{6}\right)'=\cos\frac{\pi}{6}$. ( )

(3) $(x^n)'=nx^{n-1}$. ( )

(4) $(n^x)'=x\cdot n^{x-1}$. ( )

2. 计算下列函数的导数.

(1) $y=3x^3-\frac{1}{x^4}+\frac{1}{3}$;

(2) $y=x^{10}+\lg x$;

(3) $y=\sqrt{x}\sin x$;

(4) $y=4\cos(3x-1)$;

(5) $y=(\ln 2x)\cdot\sin 3x$;

(6) $y=\frac{\sin 2x}{1-\cos 2x}$;

(7) $y=\lg(1-2x)$;

(8) $y=(x-1)\sqrt{x^2+1}$;

(9) $y^2=e^{(x+y)}$;

(10) $y=\left(\frac{x}{1+x}\right)^x$.

3. 求下列函数在给定点处的导数值.

(1) $y=x^5+3\sin x$，求 $f'(0)$，$f'\left(\frac{\pi}{2}\right)$；

(2) $y=\sqrt[3]{4-3x}$，求 $f'(1)$.

4. 求曲线 $y=\tan x$ 在点 $M\left(\frac{\pi}{4},1\right)$ 处的切线方程和法线方程.

5. 求下列函数的二阶导数在给定点处的值.

(1) $y=x\arctan x$，在 $x=0$ 处；　　(2) $y=x\cos x^2$，在 $x=\sqrt{\pi}$ 处.

6. 求下列函数的高阶导数.

(1)设 $y=x^3-2x^2+4x-10$,求 y'';

(2)设 $y=3x^2+x-\frac{1}{x}$,求 y'';

(3)设 $y=(x^2+4x)^3$,求 y'';

(4)设 $y=\sqrt{x}(x^2-x)$,求 y'';

(5)设 $y=e^{-x^2}$,求 y'';

(6)设 $y=xe^x$,求 y'';

(7)设 $y=x\ln x$,求 y'';

(8)设 $y=f(2^x)$且 $f(x)$可导,求 y''.

2.3 微分及其在近似计算中的应用

1. 填空题.

(1)若函数 $y=2x^3+1$ 的自变量 x 由 1 变到 1.5,则 x 的增量 $\Delta x=0.5$,所对应的函数的增量 $\Delta y=$__________.

(2)设 $y=x^3+\ln(1+x)$,则 $\mathrm{d}y=$__________.

(3)$\dfrac{\mathrm{d}(\ln x)}{\mathrm{d}(\sqrt{x})}=$__________.

2. 将适当的函数填入下列括号,使等式成立.

(1)$\mathrm{d}(\quad)=2\mathrm{d}x$;

(2)$\mathrm{d}(\quad)=3x\mathrm{d}x$;

(3)$\mathrm{d}(\quad)=\dfrac{1}{1+x}\mathrm{d}x$;

(4)$\mathrm{d}(\quad)=\cos x\mathrm{d}x$;

(5)$\mathrm{d}(\quad)=\mathrm{e}^{-6x}\mathrm{d}x$;

(6)$\mathrm{d}(\quad)=\sin x\mathrm{d}(\sin x)$;

(7)$\mathrm{d}(\tan^2 x)=(\quad)\mathrm{d}(\tan x)=(\quad)\mathrm{d}x$;

(8)$\mathrm{d}\ln(2x+3)=(\quad)\mathrm{d}(2x+3)=(\quad)\mathrm{d}x$.

3. 求下列函数的微分.

(1)$y=\sqrt{1-x^2}$;

(2)$y=\ln x^2$;

(3)$y=\arcsin\sqrt{x}$;

(4)$y=(\mathrm{e}^x+\mathrm{e}^{-x})^2$.

4. 求下列各式的近似值.

(1) $\sqrt[3]{8.02}$;

(2) $e^{0.04}$;

(3) $\cos 60°20'$.

5. 半径为 15 cm 的球，半径伸长 2 mm，球的体积约增大多少?

第 2 章　复习题 A

1. 填空题.

(1)曲线 $y=x^3$ 在点 M_1 ________和点 M_2 ________处的切线斜率都等于 3.

(2)已知函数 $f(x)=\sin\frac{1}{x}$,则 $f'\left(\frac{1}{\pi}\right)=$________.

(3)曲线 $y=\mathrm{e}^x-x$ 在(0,1)处的切线方程为________.

(4)曲线 $y=x\ln x$ 的所有切线中,与直线 $x+2y-2=0$ 垂直的切线方程为________.

(5)已知 $y=\ln(1-2x)$,则 $y''=$________.

(6)已知 $y=\mathrm{e}^{2x}$,则 $y^{(n)}=$________.

(7)$\mathrm{d}(\quad)=\frac{1}{\sqrt{x}}\mathrm{d}x$.

(8)$\mathrm{d}(\mathrm{e}^{\cos x^2})=\mathrm{e}^{\cos x^2}\mathrm{d}(\quad)=(\quad)\mathrm{d}(x^2)=(\quad)\mathrm{d}x$.

2. 选择题.

(1)函数 $y=f(x)$在点 x_0 处可导,且曲线 $y=f(x)$在点 x_0 处的切线平行于 x 轴,则 $f'(x_0)$(　　).

A. 等于零　　B. 大于零

C. 小于零　　D. 不存在

(2)设 $y=f(-2x)$,则 $y'=$(　　).

A. $f'(2x)$　　B. $-f'(-2x)$

C. $f'(-2x)$　　D. $-2f'(-2x)$

(3)$y=\ln(1+x)$,则 $y^{(5)}=$(　　).

A. $\frac{4!}{(1+x)^5}$　　B. $-\frac{4!}{(1+x)^5}$

C. $\frac{5!}{(1+x)^5}$　　D. $-\frac{5!}{(1+x)^5}$

(4)两条曲线 $y=\frac{1}{x}$和 $y=ax^2+b$ 在点$\left(2,\frac{1}{2}\right)$处相切,则常数 a,b 为(　　).

A. $a=\frac{1}{16},b=\frac{3}{4}$　　B. $a=-\frac{1}{16},b=\frac{3}{4}$

C. $a=\frac{1}{16},b=\frac{1}{4}$　　D. $a=-\frac{1}{16},b=\frac{1}{4}$

(5)函数 $f(x)$在点 x_0 处连续是它在该点处可导的(　　).

A. 充分条件　　　B. 必要条件

C. 充要条件　　　D. 无关条件

(6)设 $y=\frac{\varphi(x)}{x}$,$\varphi(x)$可导,则 $\mathrm{d}y=$(　　).

A. $\frac{x\mathrm{d}\varphi(x)-\varphi(x)\mathrm{d}x}{x^2}$　　　B. $\frac{\varphi'(x)-\varphi(x)}{x^2}\mathrm{d}x$

C. $-\frac{\mathrm{d}\varphi(x)}{x^2}$　　　D. $\frac{x\mathrm{d}\varphi(x)-\mathrm{d}\varphi(x)}{x^2}$

(7)下列等式成立的是(　　).

A. $\mathrm{d}(\sqrt{x})=\frac{\mathrm{d}x}{\sqrt{x}}$　　　B. $\mathrm{d}(\mathrm{e}^{\sin x})=\mathrm{e}^{\sin x}\cdot\mathrm{d}(\sin x)$

C. $\mathrm{d}[\ln(x^2+1)]=\frac{\mathrm{d}x}{x^2+1}$　　　D. $\mathrm{d}(\tan 3x)=\sec^2 3x\mathrm{d}x$

(8)将半径为 R 的球体加热,如果球半径增加 ΔR,那么球体积的增量 $\Delta V\approx$(　　).

A. $\frac{4}{3}\pi R^3$　　　B. $4\pi R^2\Delta R$

C. $4\pi R^2$　　　D. $4\pi R\Delta R$

3. 计算下列函数的导数.

(1)$y=\frac{x}{\sqrt{1-x^2}}$;　　　(2)$y=x\arctan x-\frac{1}{2}\ln(1+x^2)$;

(3)$y=\sqrt{x}\sin\sqrt{x}+\cos\sqrt{x}$;　　　(4)$y=\cos^2(x^2+1)$;

(5) $y=x-\ln(1+e^{x})$；　　(6) $y=\frac{e^{2x}}{1-x}$；

(7) $y=\ln(x+\sqrt{x^{2}+1})$；

(8)设 $f(x)=2\cos 3x+(\cos 3x)^{2}$，求 $f'(0)$；

(9)设 $f(x)=2e^{\sqrt{x}}(\sqrt{x}-1)$，求 $f'(x)$，$f''(x)$.

4. 求由下列方程所确定的隐函数 $y=y(x)$ 的导数.

(1) $x-y^2+xe^y=10$，求 $\left.\dfrac{dy}{dx}\right|$；

(2) $e^{x+y}+x+y^2=1$，求 $\left.\dfrac{dy}{dx}\right|$；

(3) $x-y+\dfrac{\sin y}{2}=0$，求 $\dfrac{d^2y}{dx^2}$.

5. 验证：函数 $y=e^x\sin x$ 满足关系式 $y''-2y'+2y=0$.

6. 设曲线 $y=2x^2+3x-26$ 上点 M 处的切线斜率为 15，求点 M 的坐标.

7. 设函数 $y=y(x)$ 由方程 $y^3+y^2=2x$ 确定，求曲线 $y=y(x)$ 在点 $(0,-1)$ 处的切线方程和法线方程.

8. 设 t 表示时间，u 表示某物体的温度，V 表示该物体的体积，温度 u 随时间 t 变化，变化规律为 $u=1+2t$，体积 V 随温度 u 变化，变化规律为 $V=10+\sqrt{u-1}$. 试求当 $t=5$ 时，物体的体积增加的变化率.

9. 已知下列命题：

命题 A：函数 $f(x)$ 在点 x_0 处可导；

命题 B：函数 $f(x)$ 在点 x_0 处可微；

命题 C：函数 $f(x)$ 在点 x_0 处连续；

命题 D：函数 $f(x)$ 在点 x_0 处极限存在；

命题 E：函数 $f(x)$ 在点 x_0 处有定义.

试给出以上五个命题之间的相互推导关系.

第 2 章　复习题 B

1. 填空题.

(1) $y=\sqrt[5]{x^2}$ 的导数是__________.

(2) $y=\ln(1-x^2)$ 的二阶导数 $y''=$__________.

(3) 隐函数 $x\cos y=\sin(x+y)$ 的导数 $y'=$__________.

(4) 函数 $y=f(x)$ 由方程 $y^2+2\ln y=x^4$ 所确定,则 $\frac{\mathrm{d}y}{\mathrm{d}x}=$__________.

(5) 函数 $y=\tan^2(1+2x^2)$ 的微分为__________.

(6) 函数 $\mathrm{e}^{0.01}$ 的近似值是__________.

(7) 若 $y=ax^2$ 与 $y=\ln x$ 相切,则 $a=$__________.

(8) 设 $y=\arctan\frac{1}{x}$,则 $y'=$__________,$y''=$__________.

(9) 已知抛物线 $y=x^2$ 与 $y=2-x^2$,那么这两条抛物线在两个交点处的切线的夹角是__________.

(10) 函数 $y=f(x)$ 是线性函数,已知 $f(0)=1$,$f(1)=-3$,则该函数的导数 $f'(x)=$__________.

2. 选择题.

(1) 设函数 $y=f(x)$ 在点 x_0 处可导,且 $f'(x_0)>0$,则曲线 $y=f(x)$ 在点 $(x_0, f(x_0))$ 处的切线的倾斜角是(　　).

A. $0°$　　B. $90°$　　C. 锐角　　D. 钝角

(2) 若 $y=f(u)$,$u=\mathrm{e}^x$ 且 $f(u)$ 可导,则 $\mathrm{d}y$ 为(　　).

A. $f'(\mathrm{e}^x)\mathrm{d}x$　　B. $[f(\mathrm{e}^x)]'\mathrm{d}\mathrm{e}^x$

C. $f'(\mathrm{e}^x)\mathrm{e}^x\mathrm{d}x$　　D. $f'(u)\mathrm{d}x$

(3) 曲线 $y=x\ln x$ 平行于直线 $x-y+1=0$ 的切线方程是(　　).

A. $y=-(x+1)$　　B. $y=x-1$

C. $y=(\ln x-1)(x-1)$　　D. $y=x$

(4) 半径为 R 的金属圆片,加热后,半径伸长了 ΔR,则面积 S 的微分 $\mathrm{d}S$ 是(　　).

A. $\pi R\mathrm{d}R$　　B. $2\pi R\mathrm{d}R$

C. $\pi\mathrm{d}R$　　D. $2\pi\mathrm{d}R$

(5)曲线 $y=\ln x$ 上某点的切线平行于直线 $y=2x-3$，则该点的坐标是(　　).

A. $\left(2,\ln\frac{1}{2}\right)$　　B. $\left(2,-\ln\frac{1}{2}\right)$

C. $\left(\frac{1}{2},-\ln 2\right)$　　D. $\left(\frac{1}{2},\ln 2\right)$

(6)已知 $y=\sin x$，则 $y^{(10)}=$(　　).

A. $\sin x$　　B. $\cos x$

C. $-\sin x$　　D. $-\cos x$

(7)已知 $y=\mathrm{e}^{f(x)}$，则 $y''=$(　　).

A. $\mathrm{e}^{f(x)}$　　B. $\mathrm{e}^{f(x)}f''(x)$

C. $\mathrm{e}^{f(x)}[f'(x)+f''(x)]$　　D. $\mathrm{e}^{f(x)}\{[f'(x)]^2+f''(x)\}$

(8)导数等于$\frac{1}{2}\sin 2x$ 的函数是(　　).

A. $\frac{1}{2}\sin^2 x$　　B. $\frac{1}{4}\cos 2x$

C. $\frac{1}{2}\cos^2 x$　　D. $1-\frac{1}{2}\cos 2x$

3. 求下列各函数的导数.

(1)$y=2\sqrt{x}-\frac{1}{x}+4\sqrt{3}$；　　(2)$y=x^n\ln x$；

(3)$y=\frac{1+x-x^2}{1-x+x^2}$；　　(4)$y=\tan x-x\tan x$；

(5)$y=x\arcsin(\ln x)$；　　(6)$y=\frac{1}{2a}\ln\frac{x-a}{x+a}$；

(7) $y=\sin^n x\cdot\cos nx$；

(8) $y=\frac{x^2}{2}+\frac{2}{x^2}$；

(9) $y^2\cos x=a^2\sin^3 x$；

(10) $y=2^{\frac{x}{\ln x}}$；

(11) $y=\arcsin(1-2x)$；

(12) $y=a^{\arctan\sqrt{x}}$；

(13) $y=\arcsin(1-x)+\sqrt{2x-x^2}$；

(14) $y=x\arcsin\frac{x}{2}+\sqrt{4-x^2}$；

(15) $y=\ln\sqrt{\frac{1+\sin x}{1-\sin x}}$；

(16) $y=\arctan\sqrt{\frac{1-x}{1+x}}$.

4. 设 $y=e^{-\sqrt{x}}+e^{\sqrt{x}}$，证明：$xy''+\frac{1}{2}y'-\frac{1}{4}y=0$.

5. 已知 $xy-\sin(\pi y^2)=0$，求 y' 及 y''.

6. 求曲线 $y=e^{2x}+x^2$ 上横坐标 $x=0$ 的点处的法线方程，并计算从原点到此法线的距离.

7. 设 $f(x)=\begin{cases}1-e^{2x}, & x\leqslant 0,\\ x^2, & x>0,\end{cases}$ 求 $f'(x)$.

第 3 章　导数的应用

3.1　洛必达法则

1. 选择题.

(1)下列等式不成立的是(　　).

A. $\lim\limits_{x\to\frac{\pi}{2}}\dfrac{\cos x}{x-\frac{\pi}{2}}=1$

B. $\lim\limits_{x\to\infty}x\sin\dfrac{1}{x}=1$

C. $\lim\limits_{x\to0}\dfrac{\tan x}{\sin x}=1$

D. $\lim\limits_{x\to1}\dfrac{\sin(x-1)}{x-1}=1$

(2)下列极限中能用洛必达法则的是(　　).

A. $\lim\limits_{x\to+\infty}x\left(\dfrac{\pi}{2}-\arctan x\right)$

B. $\lim\limits_{x\to0}\dfrac{x^2\sin\frac{1}{x}}{\sin x}$

C. $\lim\limits_{x\to+\infty}\dfrac{x-\sin x}{x+\sin x}$

D. $\lim\limits_{x\to0}\dfrac{\sqrt{1+x^2}}{x}$

2. 利用洛必达法则求下列极限.

(1)$\lim\limits_{x\to0}\dfrac{\sin ax}{\sin bx}(b\neq0)$；

(2)$\lim\limits_{x\to a}\dfrac{\sin x-\sin a}{x-a}$；

(3) $\lim\limits_{x\to1}\dfrac{x^3-3x^2+2}{x^3-x^2-x+1}$；

(4) $\lim\limits_{x\to+\infty}\dfrac{e^x}{\ln x}$；

(5) $\lim\limits_{x\to0^+}x\ln x$；

(6) $\lim\limits_{x\to0}\left(\dfrac{1}{x}-\dfrac{1}{e^x-1}\right)$；

(7) $\lim\limits_{x\to1^+}(x-1)\tan\dfrac{\pi x}{2}$；

(8) $\lim\limits_{x\to0}\left[\dfrac{1}{\ln(1+x)}-\dfrac{1}{x}\right]$.

3.2 函数的单调性

1. 填空题.

(1)函数 $f(x)=(x-1)^{-2}$ 的单调减区间是__________.

(2)函数 $f(x)=2+xe^{-x}$ 的单调减区间是__________.

2. 选择题.

(1)函数 $y=3x^4-4x^3$( ).

A. 在 $(-\infty,1)$ 内单调递减　　B. 在 $(-\infty,0)$ 内单调递增

C. 在 $(0,+\infty)$ 内单调递减　　D. 在 $(0,+\infty)$ 内单调递增

(2)函数 $f(x)=\frac{x^2}{1+x}$ 的单调减区间是( ).

A. $(-\infty,-2]\cup[0,+\infty)$　　B. $[-2,0]$

C. $[0,+\infty)$　　D. $[-2,-1),(-1,0]$

(3)函数 $f(x)=2x^2-\ln x$ 的单调增区间是( ).

A. $(0,+\infty)$　　B. $\left(0,\frac{1}{2}\right)$

C. $\left(\frac{1}{2},+\infty\right)$　　D. $\left(-\infty,-\frac{1}{2}\right)$

3. 证明:函数 $f(x)=\frac{1}{x}$ 在 $(0,+\infty)$ 上是减函数.

4. 确定函数 $f(x)=2x^3-9x^2+12x-3$ 的单调区间.

5. 当 $x>0$ 时，证明：$x>\sin x$.

6. 判定函数 $f(x)=e^x-ex-1$ 的单调性.

3.3 函数的极值与最值

1. 填空题.

(1)函数 $f(x)=-x-2\cos x$ 在区间 $\left[0,\frac{\pi}{2}\right]$ 上的极小值点是__________.

(2)函数 $f(x)=x-\sqrt{2}\sin x$ 在区间 $[0,\pi]$ 上的最大值为__________，最小值为__________.

(3)已知 $x=1$ 是函数 $f(x)=ax^3-3x^2$ 的极小值点，则 $f(x)$ 的极小值为__________.

(4)已知函数 $f(x)=ax^3-4x+b$ 在 $x=2$ 处取得极小值 $-\frac{4}{3}$，则 $ab=$__________.

2. 选择题.

(1)下列结论正确的是(　　).

A. 函数 $f(x)$ 的导数不存在的点，一定不是 $f(x)$ 的极值点

B. 若 x_0 为函数 $f(x)$ 的驻点，则 x_0 必为 $f(x)$ 的极值点

C. 若函数 $f(x)$ 在点 x_0 处有极值，且 $f'(x_0)$ 存在，则必有 $f'(x_0)=0$

D. 若函数 $f(x)$ 在点 x_0 处连续，则 $f'(x_0)$ 一定存在

(2)若 x_0 为函数 $y=f(x)$ 的极值点，则下列命题正确的是(　　).

A. $f'(x_0)=0$　　　　B. $f'(x_0)\neq 0$

C. $f'(x_0)$ 不存在　　　　D. $f'(x_0)=0$ 或 $f'(x_0)$ 不存在

(3)已知函数 $f(x)=\frac{\ln x}{x}$，则(　　).

A. 函数 $f(x)$ 的极大值为 $\frac{1}{e}$，无极小值

B. 函数 $f(x)$ 的极小值为 $\frac{1}{e}$，无极大值

C. 函数 $f(x)$ 的极大值为 0，无极小值

D. 函数 $f(x)$ 的极小值为 0，无极大值

3. 求下列函数的极值.

(1) $f(x)=2x^3-6x^2-18x+7$；　　　　(2) $f(x)=-x^4+2x^3$；

(3) $f(x)=x+\sqrt{1-x}$；　　　　(4) $f(x)=3-2(x+1)^{\frac{1}{3}}$.

4. 求下列函数在指定区间上的最大值和最小值.

(1) $f(x)=2x^3+3x^2-12x, x\in[-3,4]$；

(2) $f(x)=x+\sqrt{1-x}, x\in[-5,1]$.

5. 混凝土搅拌站要建一个容器为 V 的圆柱形散装水泥容器，怎样设计才能使所用的材料最省？

3.4 平面曲线的弯曲问题

1. 填空题.

(1)已知 $f(x)=ax^3-x^2-2x+3$ 的拐点是$(1,a)$,则 $a=$__________.

(2)曲线 $y=e^{-x^2}$ 有__________个拐点.

(3)曲线 $y=\frac{\ln x}{x}$的水平渐近线为__________,垂直渐近线为__________.

(4)曲线 $y=\frac{x^2+3x+2}{x^2-1}$的垂直渐近线为__________.

2. 选择题.

(1)若$(x_0,f(x_0))$为函数 $y=f(x)$的拐点,则下列命题正确的是(　　).

A. $f''(x_0)=0$

B. $f''(x_0)\neq 0$

C. $f''(x_0)$不存在

D. $f''(x_0)=0$ 或 $f''(x_0)$不存在

(2)曲线 $y=2x^3+3x^2-1$ 的拐点是(　　).

A. $\left(-\frac{1}{2},-\frac{1}{2}\right)$

B. $\left(-\frac{1}{2},\frac{1}{2}\right)$

C. $(-1,0)$

D. $(0,-1)$

(3)曲线 $y=\frac{1}{2}x^4-5x^3+18x^2+2x+1$ 的凸区间是(　　).

A. $(-\infty,-2)$

B. $(-3,-2)$

C. $(2,3)$

D. $(3,+\infty)$

(4)设 $a<x<b$, $f'(x)<0$, $f''(x)<0$,在区间(a,b)内,函数 $y=f(x)$的图形(　　).

A. 沿 x 轴正向下降且为凹的

B. 沿 x 轴正向下降且为凸的

C. 沿 x 轴正向上升且为凹的

D. 沿 x 轴正向上升且为凸的

3. 求曲线 $f(x)=\frac{x^2}{2}+\frac{9}{10}(x-2)^{\frac{5}{3}}$ 的凹凸区间.

4. 求曲线 $y=3+\ln(x^2+1)$ 的凹凸区间及拐点.

5. 求双曲线 $xy=4$ 在点 $(2,2)$ 处的曲率.

6. 曲线 $y=e^x$ 在哪一点曲率最大？最大曲率是多少？

第3章 复习题A

1. 填空题.

(1)曲线 $f(x)=x^3-5x^2+3x+5$ 在________内是凸的,在________内是凹的,拐点为________.

(2)若点(0,1)为函数 $y=ax^3+bx^2+c$ 的拐点,则 $a=$________,$b=$________,$c=$________.

(3)函数 $f(x)=x^4-8x^2+2$ 在 $[-1,3]$ 上的最大值为________,最小值为________.

2. 选择题.

(1)若函数 $y=f(x)$ 在 $x=x_0$ 处可导,则它在点 x_0 处取到极值的必要条件为(　　).

A. $f'(x_0)=0$　　B. $f'(x_0)\neq 0$

C. $f'(x_0)>0$　　D. $f'(x_0)<0$

(2)关于函数 $y=\frac{2}{3}x-\sqrt[3]{x^2}$ 的驻点和极值点的个数,下列选项正确的是(　　).

A. 1个驻点,2个极值点　　B. 2个驻点,1个极值点

C. 1个驻点,1个极值点　　D. 2个驻点,2个极值点

(3)函数 $f(x)=\frac{x}{1+x^2}$(　　).

A. 在 $(-\infty,+\infty)$ 内单调增加　　B. 在 $(-\infty,+\infty)$ 内单调减少

C. 在 $[-1,1]$ 上单调增加　　D. 在 $[-1,1]$ 上单调减少

(4)若在区间 $(1,+\infty)$ 上有 $f'(x)=xe^{-x}$,则曲线 $f(x)$ 在区间 $(1,+\infty)$ 上是(　　).

A. 单调减少且是凸的　　B. 单调减少且是凹的

C. 单调增加且是凸的　　D. 单调增加且是凹的

(5)以下结论正确的是(　　).

A. 若 x_0 为函数 $y=f(x)$ 的驻点,则 x_0 必为函数 $y=f(x)$ 的极值点

B. 函数 $y=f(x)$ 的导数不存在的点一定不是函数 $y=f(x)$ 的极值点

C. 函数 $y=f(x)$ 在 x_0 处取得极值,且 $f'(x_0)$ 存在,则必有 $f'(x_0)=0$

D. 若函数 $y=f(x)$ 在 x_0 处连续,则 $f'(x_0)$ 一定存在

3. 如果函数 $f(x)=a\sin x+\frac{1}{3}\sin 3x$ 在 $x=\frac{\pi}{3}$ 处取得极值，求 a 的值. 它是极大值还是极小值？并求此极值.

4. 求函数 $f(x)=2x+\frac{8}{x}$ 的单调区间与极值.

5. 设 $f(x)=ax^3-3ax^2+b(a>0)$ 在区间 $[-1,3]$ 上的最大值为 1，最小值为 -3，试求常数 a,b 的值.

6. 某车间靠墙壁要盖一间长方形小屋，现有存砖只够砌 20 m 长的墙壁，应围成怎样的长方形才能使这间小屋的面积最大？

7. 要建一个上端为半球形，下端为圆柱形的粮仓，其容积为 V，求当圆柱的高 h 和底半径 r 为何值时，粮仓的表面积最小.

8. 已知曲线 $y=x^3+ax^2-9x+4$ 在 $x=1$ 有拐点，试确定系数 a，并求曲线的拐点坐标和凹凸区间.

9. 求函数 $y=\frac{e^{2x}}{x}$ 的单调区间和凹凸区间.

10. 试确定曲线 $f(x)=ax^3+bx^2+cx+16$ 中的 a,b,c，使得 $f(x)$ 在点 $x=-2$ 处有水平切线，$(1,-10)$ 为 $f(x)$ 的拐点.

11. 求曲线 $y=\dfrac{3x^2-4x+5}{(x+3)^2}$ 的水平渐近线和垂直渐近线.

12. 若抛物线 $y=ax^2+bx+c$ 在点 $x=0$ 处与曲线 $y=\mathrm{e}^x$ 相切且有相同的曲率半径，试确定系数 a,b,c.

第3章 复习题B

1. 填空题.

(1)设函数 $f(x)=e^x-x-1$,则 $f(x)$ 的单调递增区间为________,单调递减区间为________.

(2)函数 $y=2x^2-\ln x$ 的单调递增区间是________.

(3)函数 $f(x)=x^3-3x$ 的极大值为________,极小值为________.

(4)函数 $y=(2x-5)x^{\frac{2}{3}}$ 在区间 $[-1,2]$ 上的最大值为________,最小值为________.

(5)设函数 $f(x)=x^3+ax^2+bx$ 在 $x=1$ 处取得极小值 -2,则常数 $a=$________,$b=$________.

(6)曲线 $y=x^3-3x^2+2x-1$ 的拐点为________.

(7)曲线 $y=e^{\sqrt{x}}$ 的拐点为________.

(8)函数 $y=x^3-27x+2$ 在 $[0,1]$ 上的最大值为________.

(9)曲线 $y=x\left(\frac{\pi}{2}-\arctan x\right)$ 的水平渐近线是________.

2. 选择题.

(1)函数 $y=x-\sin x$ 在 $[0,2\pi]$ 上的单调性为(　　).

A. 单调增加　　　　B. 单调减少

C. 有增有减　　　　D. 无法判断

(2)设 $f(x)$ 在 $(-\infty,+\infty)$ 内可导且单调递增,则函数 $-f(-x)$ 在 $(-\infty,+\infty)$ 内(　　).

A. 单调递增　　　　B. 单调递减

C. 有增有减　　　　D. 无法判断

(3)当(　　)时,点 $(1,-2)$ 为曲线 $y=ax^3+bx^2$ 的拐点.

A. $a=1,b=3$　　　　B. $a=-1,b=3$

C. $a=1,b=-3$　　　　D. $a=-1,b=-3$

(4)函数 $f(x)=xe^{-x}$ 在定义域内的最大值是(　　).

A. e　　　　B. $\frac{1}{e}$

C. 2e　　　　D. $\frac{2}{e}$

(5) $f(x)=x-\frac{3}{2}x^{\frac{2}{3}}$ 的极值点的个数是(　　).

A. 0　　B. 1

C. 2　　D. 3

(6)设 $f'(x)=(x-1)(2x+1)$，$x\in(-\infty,+\infty)$，则在 $\left(\frac{1}{2},1\right)$ 内，$f(x)$ 单调(　　).

A. 增加，曲线 $y=f(x)$ 为凸的　　B. 增加，曲线 $y=f(x)$ 为凹的

C. 减少，曲线 $y=f(x)$ 为凸的　　D. 减少，曲线 $y=f(x)$ 为凹的

(7)函数 $y=e^{-x}$ 在区间 $(-\infty,+\infty)$ 内(　　).

A. 单调增加且图像是凹的　　B. 单调增加且图像是凸的

C. 单调减少且图像是凹的　　D. 单调减少且图像是凸的

(8)函数 $f(x)=\frac{1}{3}x^3-3x^2+9x$ 在区间 $[0,4]$ 上的最大值点为(　　).

A. $x=0$　　B. $x=2$

C. $x=3$　　D. $x=4$

(9)曲线 $y=\frac{x^2-2x-3}{x^2+3x+2}$ 有(　　).

A. 一条水平渐近线，一条垂直渐近线　　B. 一条水平渐近线，两条垂直渐近线

C. 两条水平渐近线，一条垂直渐近线　　D. 两条水平渐近线，两条垂直渐近线

(10)曲线 $y=\frac{x^2+1}{x-1}$(　　).

A. 有水平渐近线，无垂直渐近线　　B. 无水平渐近线，有垂直渐近线

C. 无水平渐近线，也无垂直渐近线　　D. 有水平渐近线，也有垂直渐近线

3. 求函数 $f(x)=x^2-\ln x^2$ 的单调区间.

4. 求 $y=(2x-5)\sqrt[3]{x^2}$ 的极值点与极值.

5. 已知 $f(x)=x^3+ax^2+bx$ 在 $x=1$ 处有极值 -12,试确定常系数 a 与 b.

6. 求函数 $f(x)=\ln(1+x^2)$ 的凹凸区间及拐点.

7. 从半径为 R 的圆铁片上截下中心角为 φ 的扇形，卷成一圆锥形漏斗，φ 取多大时做成的漏斗容积最大？

8. 求函数 $f(x)=x+\dfrac{1}{x-1}$ 的单调区间、极值、凹凸区间及拐点.

9. 求函数 $f(x)=\dfrac{2x}{\ln x}$ 的单调区间、极值、凹凸区间、拐点及函数曲线的渐近线.

第 4 章　函数的积分

4.1　不定积分的概念

1. 验证下列等式是否成立.

(1) $\int \frac{x}{\sqrt{2+x^2}}\mathrm{d}x = \sqrt{2+x^2}+C$;　　　(2) $\int x^2 \mathrm{e}^{x^3}\mathrm{d}x = \mathrm{e}^{x^3}+C$.

2. 填空题.

(1) 若 $f(x)$ 的一个原函数为 x^2-2^x, 则 $\int f(x)\mathrm{d}x =$ __________.

(2) 若 $\int f(x)\mathrm{d}x = \sin x + C$, 则 $f(x)=$ __________.

(3) 若 $f(x)$ 的一个原函数为 $\cos x$, 则 $\int f'(x)\mathrm{d}x =$ __________.

(4) $\left(\int \tan^2 x \sin x \mathrm{d}x\right)' =$ __________.

(5) $\left(\int \sqrt{1+x^2}\mathrm{d}x\right)' =$ __________.

(6) $\int [\arcsin(\cos 2x)]'\mathrm{d}x =$ __________.

(7) $\int \left(\frac{\sin x}{x}\right)'\mathrm{d}x =$ __________.

(8) $\int x^2\sqrt{x}\mathrm{d}x =$ __________.

3. 已知 $f'(x)=1+x^2$，且 $f(0)=1$，求 $f(x)$.

4. 已知某曲线经过点$(1,-5)$，且曲线上每一点处切线的斜率 $k=1-x$，求此曲线的方程.

5. 计算下列不定积分.

(1) $\int(x^2+3\sqrt{x}+\ln 2)\mathrm{d}x$；

(2) $\int\left(1-\frac{1}{u}\right)^2\mathrm{d}u$；

(3) $\int\frac{2^t-3^t}{5^t}\mathrm{d}t$；

(4) $\int\frac{\sqrt{1+x^2}}{\sqrt{1-x^4}}\mathrm{d}x$；

(5) $\int \frac{\sin 2x}{\sin x}\mathrm{d}x$；

(6) $\int \frac{x - x^3 \mathrm{e}^x + x^2}{x^3}\mathrm{d}x$；

(7) $\int \frac{1+2x^2}{x^2(1+x^2)}\mathrm{d}x$；

(8) $\int \left(\sec^2 x + 2\sin^2 \frac{x}{2}\right)\mathrm{d}x$；

(9) $\int \mathrm{e}^x\left(1 - \frac{\mathrm{e}^{-x}}{\sqrt{x}}\right)\mathrm{d}x$；

(10) $\int \frac{x^2+2x-2}{x}\mathrm{d}x$.

4.2 不定积分的换元积分法

1. 填空题.

(1) $\int e^{3x}dx=$ ________.

(2) $\int (2x+1)^{10}dx=$ ________.

(3) $\int \sin 4x dx=$ ________.

(4) $\int \dfrac{f'(x)}{\sqrt{1-f^2(x)}}dx=$ ________.

(5) $\int f'(ax+b)dx=$ ________.

2. 在下列括号中填写正确的内容.

(1) $dx=(\quad)d(ax)$；

(2) $\dfrac{1}{x^2}dx=d(\quad)$；

(3) $e^{-x}dx=(\quad)d(e^{-x})$；

(4) $xe^{x^2}dx=e^{x^2}d(\quad)=(\quad)d(e^{x^2})$；

(5) $\sin 2xdx=(\quad)d(\cos 2x)$；

(6) $\dfrac{\ln x}{x}dx=\ln xd(\quad)=d(\quad)$；

(7) $\dfrac{1}{\sqrt{x}}dx=d(\quad)$；

(8) $\dfrac{1}{\sqrt{2-3x}}dx=(\quad)d(\sqrt{2-3x})$；

(9) $\dfrac{1}{2-3x}dx=(\quad)d(\ln(|2-3x|))$；

(10) $\dfrac{1}{\sqrt{4-x^2}}dx=(\quad)d\left(\arcsin\dfrac{x}{2}\right)$；

(11) $\dfrac{1}{4+x^2}dx=(\quad)d\left(\arctan\dfrac{x}{2}\right)$；

(12) $\sec^2 xdx=d(\quad)$.

3. 求下列不定积分.

(1) $\int \sqrt{1-2x}dx$；

(2) $\int \dfrac{1}{x(1+\ln^2 x)}dx$；

(3) $\int x\sqrt{1-x^2}\,dx$；

(4) $\int \frac{\tan x}{\cos^2 x}dx$；

(5) $\int \frac{(\arctan x)^2}{1+x^2}dx$；

(6) $\int \frac{x^3}{\sqrt{4-x^4}}dx$；

(7) $\int \frac{2x-3}{x^2-3x+4}dx$；

(8) $\int \frac{1}{x\sqrt{1-\ln^2 x}}dx$；

(9) $\int \frac{e^{2x}}{\sqrt{1-e^{4x}}}dx$；

(10) $\int \frac{1}{e^x + e^{-x}}dx$；

(11) $\int x\sqrt{x-3}dx$；

(12) $\int \frac{1}{\sqrt{x}+\sqrt[4]{x}}dx$；

(13) $\int \frac{1}{x^2\sqrt{1+x^2}}dx$；

(14) $\int \frac{1}{\sqrt{4x^2+9}}dx$.

4.3 不定积分的分部积分法

1. 填空题.

(1) $\int u(x)\mathrm{d}v(x)=$ ________.

(2) $\int \frac{x}{\mathrm{e}^x}\mathrm{d}x=\frac{-x}{\mathrm{e}^x}-$ ________.

(3)已知 $f(x)$的一个原函数为 $\sin x\cdot\ln x$,则 $\int xf'(x)\mathrm{d}x=$ ________.

2. 求下列不定积分.

(1) $\int x^2\cdot\ln(x+1)\mathrm{d}x$;

(2) $\int x\cdot \mathrm{e}^{3x}\mathrm{d}x$;

(3) $\int x^3\cdot\arctan x\mathrm{d}x$;

(4) $\int x^2\cos x\mathrm{d}x$;

(5) $\int x\sin^2 x\mathrm{d}x$;

(6) $\int (x-1)5^x\mathrm{d}x$;

(7) $\int (x^2-2x)\ln x\mathrm{d}x$;

(8) $\int \mathrm{e}^x\sin x\mathrm{d}x$.

4.4　定积分的概念与性质

1. 填空题.

(1)定积分 $\int_a^b f(x)\mathrm{d}x$ 的值与__________和__________有关,而与积分变量的选取无关.

(2)如果区间 $[a,b]$ 被点 c 分成 $[a,c]$ 与 $[c,b]$ 两部分,则根据积分区间的可加性有:$\int_a^b f(x)\mathrm{d}x=$__________.

(3)若函数 $f(x)$ 在区间 $[a,b]$ 上有最大值 M,最小值 m,则根据定积分的估值定理知:$\int_a^b f(x)\mathrm{d}x$ 的值介于__________和__________之间.

2. 选择题.

(1)若对于任意 $x\in[a,b]$ 有 $f(x)\geqslant 0$ 成立,则 $\int_a^b f(x)\mathrm{d}x$ (　　).

A. >0　　B. $\geqslant 0$

C. $\leqslant 0$　　D. <0

(2) $\int_{-\frac{\pi}{2}}^{\frac{\pi}{2}} \sin x\mathrm{d}x=$ (　　).

A. 1　　B. 2

C. 0　　D. -1

(3)定积分 $\int_a^b f(x)\mathrm{d}x$ 的几何意义是(　　).

A. 由曲边 $y=f(x)$,$x\in[a,b]$ 与 x 轴及直线 $x=a$ 与 $x=b$ 所围成的曲边梯形面积的代数和

B. 由曲边 $y=f(x)$,$x\in[a,b]$ 与 x 轴及直线 $x=a$ 与 $x=b$ 所围成的曲边梯形面积和

C. 由曲边 $y=f(x)$,$x\in[a,b]$ 与 x 轴及直线 $x=a$ 与 $x=b$ 所围成的曲边梯形面积的相反数

D. 由曲边 $y=f(x)$,$x\in[a,b]$ 与 x 轴及直线 $x=a$ 与 $x=b$ 所围成的曲边梯形面积的差

3. 利用定积分的几何意义求下列积分.

(1) $\int_{-1}^{1} \sqrt{1-x^2}\mathrm{d}x$；

(2) $\int_{2}^{5} x\mathrm{d}x$；

(3) $\int_{-1}^{1} |x|\mathrm{d}x$.

4. 利用定积分的性质，判断下面定积分的大小.

(1) $\int_{0}^{1} x\mathrm{d}x$ 与 $\int_{0}^{1} x^2\mathrm{d}x$；

(2) $\int_{1}^{2} x\mathrm{d}x$ 与 $\int_{1}^{2} \ln x\mathrm{d}x$.

4.5 微积分学基本定理

1. 填空题.

(1)若函数 $f(x)$在$[a,b]$上连续,则存在原函数 $F(x)$,且 $\int_a^b f(x)\mathrm{d}x =$ ________.

(2) $\int_1^8 \sqrt[3]{x}\mathrm{d}x =$ ________.

(3) $\int_0^{\frac{\pi}{2}} \sin 3x\mathrm{d}x =$ ________.

2. 选择题.

(1)若函数 $f(x)$在$[a,b]$上连续,则变上限的积分 $\varphi(x) = \int_a^x f(t)\mathrm{d}t$ 的导数为(　　).

A. $\varphi(x)$　　B. $f(x)$

C. $\varphi(t)$　　D. $f(t)$

(2)设 $f(x) = \int_0^x t^2\mathrm{d}t$,则 $f(1) =$ (　　).

A. $-\frac{1}{3}$　　B. $\frac{1}{3}$

C. -1　　D. 1

(3)某物体以速度 $v=gt$ 做自由落体运动,则该物体从 $t=0$ 到 $t=t_0$ 所走的路程为(　　).

A. $\frac{1}{3}gt_0^2$　　B. gt_0^2

C. $\frac{1}{2}gt_0^2$　　D. $\frac{1}{6}gt_0^2$

3. 求下列函数的导数.

(1) $\int_1^{2x} \sqrt{1-t^2}\mathrm{d}t$;　　(2) $\int_x^{\sin x} \frac{3}{\sqrt{1+t^2}}\mathrm{d}t$.

4. 计算下列定积分.

(1) $\int_1^2 \left(x\sqrt{x}+\frac{3}{x}-5\right)\mathrm{d}x$；

(2) $\int_0^{\frac{1}{2}} \frac{1}{1+4x^2}\mathrm{d}x$；

(3) $\int_0^2 |1-x|\,\mathrm{d}x$；

(4) $\int_0^{\pi} x\cos x\,\mathrm{d}x$；

(5) $\int_1^{\mathrm{e}} x\ln x\,\mathrm{d}x$；

(6) $\int_0^1 \mathrm{e}^{\sqrt{x}}\,\mathrm{d}x$；

4.6　无穷区间上的广义积分

1. 填空题.

(1)若 $\lim\limits_{b\to+\infty}\int_a^b f(x)\mathrm{d}x$ 存在,则称广义积分 $\int_a^{+\infty} f(x)\mathrm{d}x$ ________;若 $\lim\limits_{b\to+\infty}\int_a^b f(x)\mathrm{d}x$ 不存在,则称广义积分 $\int_a^{+\infty} f(x)\mathrm{d}x$ ________.

(2) $\int_2^{+\infty} \mathrm{e}^{-x}\mathrm{d}x =$ ________.

(3) $\int_{-\infty}^0 \frac{1}{1+x^2}\mathrm{d}x =$ ________.

2. 计算下列广义积分,判断其敛散性.

(1) $\int_1^{+\infty} \frac{1}{x^3}\mathrm{d}x$;

(2) $\int_0^{+\infty} \frac{x}{1+x^2}\mathrm{d}x$;

(3) $\int_0^{+\infty} x\mathrm{e}^{-x^2}\mathrm{d}x$.

4.7 定积分的几何应用

1. 填空题.

(1)由 $y=x^3$ 及 $y=2x$ 围成平面图形的面积,若选 x 为积分变量,利用定积分应表达为__________,若选 y 为积分变量,利用定积分应表达为__________.

(2)由 $y=f(x)(f(x)>0,x=a,x=b(a<b))$ 及 x 轴围成的曲边梯形,绕 x 轴旋转形成旋转体的体积为__________.

(3)若抛物线 $y^2=ax(a>0)$ 与 $x=1$ 所围图形在第一象限的面积为 $\frac{2}{3}$,则 $a=$__________.

(4)设一立体对应变量 x 的变化区间为 $[-10,10]$,过任意点 $x\in[-10,10]$ 作垂直于 x 轴的平面截立体,其截面面积 $S(x)=\frac{\sqrt{3}}{4}(10^2-x^2)$,于是该立体的体积 $V=$__________.

2. 选择题.

(1)由直线 $y=x,y=-x+1$ 及 x 轴围成的平面图形的面积为(　　).

A. $\int_0^1[(1-y)-y]\mathrm{d}y$　　B. $\int_0^{\frac{1}{2}}[(-x+1)-x]\mathrm{d}x$

C. $\int_0^{\frac{1}{2}}[(1-y)-y]\mathrm{d}y$　　D. $\int_0^1[x-(-x+1)]\mathrm{d}x$

(2)由 $y=x^2,x=-1,x=1,y=0$ 围成的平面图形的面积为(　　).

A. $\int_{-1}^1 x^2\mathrm{d}x$　　B. $\int_0^1 x^2\mathrm{d}x$

C. $\int_0^1\sqrt{y}\mathrm{d}y$　　D. $2\int_0^1\sqrt{y}\mathrm{d}y$

(3)由 $y=x^2,y=x$ 围成的平面图形绕 x 轴旋转形成的旋转体的体积为(　　).

A. $\int_0^1\pi(x^2-x)\mathrm{d}x$　　B. $\int_0^1\pi(x^2-x^4)\mathrm{d}x$

C. $\int_0^1\pi(x-x^2)\mathrm{d}x$　　D. $\int_0^1\pi(x-x^4)\mathrm{d}x$

3. 求曲线 $y=\cos x$ 与 $y=\sin x$ 在区间 $[0,\pi]$ 上所围平面图形的面积.

4. 设平面图形由曲线 $y=2\sqrt{x}$ 与直线 $x=1$ 及 $y=0$ 围成，试求：

(1)绕 x 轴旋转而成的旋转体体积；

(2)绕 y 轴旋转而成的旋转体体积.

5. 计算曲线 $y=\frac{\sqrt{x}}{3}(x-3)$，$1\leqslant x\leqslant 3$ 的弧长.

4.8 定积分的物理应用

1. 填空题.

(1)一个质点在连续变力 $F(x)$ 的作用下沿直线从 A 点移动到 B 点. 设质点运动的直线为 x 轴，质点运动的方向为 x 轴的正方向，A 点的坐标为 a，B 点的坐标为 b，则该变力对直线运动的物体所做的功利用定积分应表达为__________.

(2)有一底面半径为 5 m，高为 7 m 的圆柱形水池，其中蓄满了水，则把其中的水从池口全部抽干所做的功为__________.

(3)将一宽为 5 m，高为 3 m 的矩形薄片垂直沉在水中，水平面与矩形薄片的顶齐，则这个矩形薄片所受的水压力为__________.

2. 设有一直径为 8 m 的半球形水池，盛满水，若将池中的水抽干，问至少需做多少功?

3. 设有一等腰三角形闸门，垂直置于水中，底边与水面相齐，已知闸门底边长为 a(单位:m)，高为 h(单位:m)，试求闸门的一侧所受的水压力.

第 4 章　复习题 A

1. 填空题.

(1)设函数 $f(x)$的一个原函数为 $\ln x$,则 $f'(x)=$__________.

(2) $\mathrm{d}\left[\int x\sin x\mathrm{d}x\right]=$__________.

(3)若 $\int f(x)\mathrm{d}x=3\mathrm{e}^{\frac{x}{3}}-x+C$, 则 $\lim\limits_{x\to0}\dfrac{f(x)}{x}=$__________.

(4) $\int_{-1}^{1}\dfrac{\sin x}{x^2+1}\mathrm{d}x=$__________.

(5) $\int_{2}^{+\infty}\dfrac{1}{\sqrt{(x-1)^3}}\mathrm{d}x=$__________.

(6)由 $y=f(x)(f(x)>0,x=a,x=b(a<b))$及 x 轴围成的曲边梯形,绕 x 轴旋转形成的旋转体的体积为__________.

(7)设 $f(x)=\begin{cases}x^2+1, & 0\leqslant x<1,\\ x, & 1\leqslant x\leqslant2,\end{cases}$ 则 $\int_{0}^{2}f(x)\mathrm{d}x=$__________.

(8)积分 $\int_{-2}^{2}\sqrt{4-x^2}\mathrm{d}x=$__________.

(9)由抛物线 $y=x^2$ 与直线 $y=6-x$ 所围成的平面图形的面积是__________.

2. 选择题.

(1) $\int f(x)\mathrm{d}x$ 的意义是(　　).

A. 表示一个极限值　　B. 表示一个常数

C. 表示一个函数　　D. 表示一个函数族

(2)设 $F(x),G(x)$是区间 I 内连续函数 $f(x)$的两个原函数,则在 I 内必有(　　).

A. $F(x)-G(x)=0$　　B. $F(x)+G(x)$为常数

C. $F(x)+G(x)=0$　　D. $F(x)-G(x)$为常数

(3)函数 $\sin 2x$ 在$(-\infty,+\infty)$内的导函数与一个原函数分别是(　　).

A. $\cos 2x,\sin 2x$　　B. $2\cos 2x,\dfrac{1}{2}\cos 2x$

C. $-2\cos 2x,\dfrac{1}{2}\cos 2x$　　D. $2\cos 2x,-\dfrac{1}{2}\cos 2x$

(4)下列各式中正确的是(　　).

A. $\int f'(x)\mathrm{d}x = f(x)$　　B. $\int \mathrm{d}f(x) = f(x) + C$

C. $\mathrm{d}\left(\int f(x)\mathrm{d}x\right) = f(x)$　　D. $\frac{\mathrm{d}}{\mathrm{d}x}\left(\int f(x)\mathrm{d}x\right) = f(x)\mathrm{d}x$

(5)设 $y=\mathrm{e}^{-x}$ 是函数 $f(x)$ 的一个原函数,则 $\int xf(x)\mathrm{d}x = $(　　).

A. $x\mathrm{e}^{-x}+C$　　B. $-x\mathrm{e}^{-x}+C$

C. $(x-1)\mathrm{e}^{-x}+C$　　D. $(x+1)\mathrm{e}^{-x}+C$

(6)设函数 $f(x)$ 在 $[a,b]$ 上连续,则由曲线 $y=f(x)$ 与直线 $x=a,x=b,y=0$ 所围成的平面图形的面积为(　　).

A. $\int_a^b f(x)\mathrm{d}x$　　B. $\left|\int_a^b f(x)\mathrm{d}x\right|$

C. $\int_a^b |f(x)|\mathrm{d}x$　　D. $f(\xi)(b-a),a<\xi<b$

(7)设 $f'(x)$ 连续,则变上限积分 $\int_a^x f(t)\mathrm{d}t$ 是(　　).

A. $f'(x)$ 的一个原函数　　B. $f'(x)$ 的全体原函数

C. $f(x)$ 的一个原函数　　D. $f(x)$ 的全体原函数

(8)若 $\int_0^1 (2x+k)\mathrm{d}x = 2$, 则 $k=$(　　).

A. 0　　B. -1

C. $\frac{1}{2}$　　D. 1

(9)设函数 $f(x)$ 在区间 $[0,1]$ 上连续,设 $t=ax$ 且 $a\neq 0$,则 $\int_0^1 f(ax)\mathrm{d}x = $(　　).

A. $\frac{1}{a}\int_0^a f(t)\mathrm{d}t$　　B. $\frac{1}{a}\int_0^1 f(t)\mathrm{d}t$

C. $a\int_0^a f(t)\mathrm{d}t$　　D. $\int_0^a f(t)\mathrm{d}t$

(10)下列广义积分中收敛的是(　　).

A. $\int_1^{+\infty} \cos x\mathrm{d}x$　　B. $\int_1^{+\infty} \frac{1}{x^3}\mathrm{d}x$

C. $\int_1^{+\infty} \ln x\mathrm{d}x$　　D. $\int_1^{+\infty} \mathrm{e}^x\mathrm{d}x$

3. 求下列不定积分.

(1) $\int (ax^2+bx+c)\mathrm{d}x$；

(2) $\int \frac{1}{x^3}\mathrm{d}x$；

(3) $\int \frac{\mathrm{d}x}{x^2\sqrt{x}}$；

(4) $\int \frac{\mathrm{d}h}{\sqrt{2gh}}$；

(5) $\int \frac{x^2}{1+x^2}\mathrm{d}x$；

(6) $\int \frac{x-4}{\sqrt{x}+2}\mathrm{d}x$；

(7) $\int \frac{1}{x^2(1+x^2)}\mathrm{d}x$；

(8) $\int \frac{1}{\sqrt[3]{3-2x}}\mathrm{d}x$；

(9) $\int \frac{e^{\arcsin x}}{\sqrt{1-x^2}}dx$；

(10) $\int \frac{x}{9+4x^2}dx$；

(11) $\int \sin^{10}x\cos x dx$；

(12) $\int \frac{\sqrt{x+1}}{1+\sqrt{1+x}}dx$；

(13) $\int \frac{1}{\sqrt{1+e^x}}dx$；

(14) $\int \sqrt{4-x^2}dx$；

(15) $\int x\sin 5x dx$；

(16) $\int x^2 e^{2x} dx$.

4. 已知 xe^x 为 $f(x)$ 的一个原函数，求 $\int_0^1 xf'(x)\mathrm{d}x$.

5. 设 $f(x)=\ln x-\int_1^{\mathrm{e}} f(x)\mathrm{d}x$，证明：$\int_1^{\mathrm{e}} f(x)\mathrm{d}x=\frac{1}{\mathrm{e}}$.

6. 设 $f(x)=\int_0^{x^2} x\sin t\mathrm{d}t$，求 $f''(x)$.

7. 试在区间(0,4)内找一点 x_0，使直线 $x=x_0$ 平分由曲线 $y=e^x$ 与 x 轴，y 轴及直线 $x=4$ 所围成的平面图形的面积.

8. 求下列曲线所围成的平面图形的面积.

(1) $y=e^x$，$y=e^{-x}$ 与 $x=1$；

(2) $y=\ln x$，$x=0$ 与直线 $y=\ln a$，$y=\ln b(b>a>0)$；

(3) $y=x^2$ 与直线 $y=x$ 及 $y=2x$；

(4) $y=3-2x-x^2$ 与 x 轴；

(5)求 C 的值 $(0<C<1)$，使两曲线 $y=x^2$ 与 $y=Cx^3$ 所围成的图形的面积为 $\frac{2}{3}$；

(6)求抛物线 $y=-x^2+4x-3$ 及其在点 $(0,-3)$ 和 $(3,0)$ 处的切线所围成的图形的面积.

9. 求下列曲线所围成的图形绕指定轴旋转而成的旋转体的体积.

(1) $y=x$ 与 $x=1, y=0$，绕 x 轴；

(2) $x=\sqrt{y}$ 与 $y=1, x=0$，绕 y 轴；

(3) $y=x^2-4, y=0$，绕 x 轴；

(4) $y^2=x, y=x-2$，绕 y 轴.

第 4 章　复习题 B

1. 填空题.

(1)若 $\int f(x)\mathrm{d}x = \mathrm{e}^{2x+3}+C$, 则 $f'(x)=$__________.

(2) $\frac{\mathrm{d}}{\mathrm{d}x}\left[\int f(5x)\mathrm{d}x\right]=$ __________.

(3) $\lim\limits_{x\to0}\frac{\int_0^x \cos t^2\mathrm{d}t}{\int_0^x \frac{\sin t}{t}\mathrm{d}t}=$ __________.

(4) $\int_{-1}^{1}\ln(1+x^2)\sin x\mathrm{d}x=$ __________.

(5)设 $\int_0^x(2t-1)\mathrm{d}t=6$, 则 $x=$__________.

(6)由 $y=x^{\frac{2}{3}}$ 及 $y=\frac{1}{2}x$ 围成的平面图形的面积,若选 x 为积分变量,利用定积分应表达为__________,若选 y 为积分变量,利用定积分应表达为__________.

(7)抛物线 $y=1-x^2$ 与 x 轴所围成的图形的面积是__________,绕 x 轴旋转形成的旋转体体积为__________,绕 y 轴旋转形成的旋转体体积为__________.

(8)设 $f(x)=\begin{cases}\ln x, 1\leqslant x\leqslant 2,\\ \frac{1}{x},\quad x>2,\end{cases}$ 则 $\int_1^4 f(x)\mathrm{d}x=$ __________.

(9)积分 $\int\frac{f'(\ln x)}{x}\mathrm{d}x=$ __________.

2. 选择题.

(1)下列等式中,正确的是(　　).

A. $\int f'(x)\mathrm{d}x=f(x)$

B. $\int f'(\ln x)\mathrm{d}x=f(\ln x)+C$

C. $\left[\int f(\sqrt{x})\mathrm{d}x\right]'=f(\sqrt{x})+C$

D. $\int xf'(x^2)\mathrm{d}x=\frac{1}{2}f(x^2)+C$

(2) $\int xf''(x)\mathrm{d}x=$(　　).

A. $xf(x)-f(x)+C$

B. $xf'(x)-f(x)+C$

C. $xf'(x)-f'(x)+C$

D. $xf(x)-f'(x)+C$

(3)函数 $\ln 2x$ 在$(0,+\infty)$内的导函数与一个原函数分别是(　　).

A. $\frac{1}{2x}, x\ln 2x$　　B. $\frac{1}{x}, x\ln 2x-x$

C. $x\ln 2x, \frac{1}{2x}$　　D. $x\ln 2x-x, \frac{1}{x}$

(4)下列各式中正确的是(　　).

A. $\int_0^1 e^x dx < \int_0^1 e^{x^2} dx$　　B. $\int_0^1 e^x dx > \int_0^1 e^{x^2} dx$

C. $\int_0^1 e^x dx = \int_0^1 e^{x^2} dx$　　D. 以上都不对

(5)设 $y=\sin 2x$ 是函数 $f(x)$的一个原函数,则 $\int xf(x)dx=$(　　).

A. $x\sin 2x+C$　　B. $x\cos 2x+C$

C. $x\sin 2x+\frac{1}{2}\cos 2x+C$　　D. $-\frac{1}{2}x\cos 2x+\frac{1}{4}\sin 2x+C$

(6)定积分 $\int_0^{\pi} |\sin 2x| dx$ 的值是(　　).

A. 1　　B. -1

C. 2　　D. -2

(7)设 $\Phi(x)=\int_a^x f(t)dt$, 当自变量从 x 变到 $x+\Delta x$ 时,则函数相应的增量 $\Delta\Phi(x)$为(　　).

A. $\int_a^x [f(t+\Delta t)-f(t)]dt$　　B. $\int_x^{x+\Delta x} f(t)dt$

C. $f(x)\Delta x$　　D. $\int_0^{\Delta x} f(t)dt$

(8)若 $\int_0^1 (x^2+k)dx=\frac{1}{3}$, 则 $k=$(　　).

A. 0　　B. -1

C. $\frac{1}{2}$　　D. 1

(9)设函数 $f(x)$在区间$[1,e]$上连续,设 $t=\ln x$,则 $\int_1^e f(\ln x)dx=$(　　).

A. $\int_1^e f(t)dt$　　B. $\int_0^1 f(t)dt$

C. $\int_1^e e^t f(t)dt$　　D. $\int_0^1 e^t f(t)dt$

(10)由曲线 $y=\mathrm{e}^x$ 的下方与该曲线过原点的切线的左方及 y 轴的右方所围图形的面积为(　　).

A. $\int_0^1(\mathrm{e}^x-\mathrm{e}x)\mathrm{d}x$　　B. $\int_0^1(\ln y-y\ln y)\mathrm{d}y$

C. $\int_0^{\mathrm{e}}(\mathrm{e}^x-\mathrm{e}x)\mathrm{d}x$　　D. $\int_1^{\mathrm{e}}(\ln y-y\ln y)\mathrm{d}y$

(11)下列广义积分中收敛的是(　　).

A. $\int_1^{+\infty}\cos x\mathrm{d}x$　　B. $\int_1^{+\infty}\frac{1}{x^2}\mathrm{d}x$

C. $\int_1^{+\infty}\sqrt{x}\mathrm{d}x$　　D. $\int_1^{+\infty}\frac{1}{x}\mathrm{d}x$

3. 已知某曲线经过点(1,2),且曲线上每一点处切线的斜率 $k=1-\frac{1}{x}$,求此曲线的方程.

4. 求下列积分.

(1) $\int 5^x\cdot\mathrm{e}^x\mathrm{d}x$;　　(2) $\int\frac{\cos 2x}{\sin^2 2x}\mathrm{d}x$;

(3) $\int\sqrt{gt}\,\mathrm{d}t$;　　(4) $\int\frac{\sqrt{1-x^2}-x}{x\sqrt{1-x^2}}\mathrm{d}x$;

(5) $\int \sin^3 x \mathrm{d}x$；

(6) $\int \frac{1}{9+x^2}\mathrm{d}x$；

(7) $\int \frac{1}{\sqrt[5]{1+3x}}\mathrm{d}x$；

(8) $\int \frac{x}{1+\sqrt{1+x}}\mathrm{d}x$；

(9) $\int \sqrt{4+x^2}\,\mathrm{d}x$；

(10) $\int x^2 \ln 2x \mathrm{d}x$；

(11) $\int_1^4 \frac{\mathrm{d}a}{a\sqrt{a}}$；

(12) $\int_{\frac{\pi}{6}}^{\frac{\pi}{4}} (1+\tan^2 t)\mathrm{d}t$；

(13) $\int_0^1 x\sqrt{x^2+3}\,\mathrm{d}x$；

(14) $\int_0^{\frac{\pi}{2}} \cos^5 x\sin x\,\mathrm{d}x$；

(15) $\int_0^1 \frac{1}{\sqrt{9+x^2}}\mathrm{d}x$；

(16) $\int_0^{\frac{\pi}{2}} \mathrm{e}^{2x}\sin x\,\mathrm{d}x$.

5. 求下列平面图形的面积.

(1)求由曲线 $y^2=x$ 以及曲线 $y=x-2$ 所围成的平面图形的面积；

(2)求由 $y=\ln x$，$x=0$ 与直线 $y=\ln 1$，$y=\ln \mathrm{e}$ 所围成的图形的面积；

(3)求由曲线 $y=x^2$ 与直线 $y=4x$ 所围成的平面图形的面积；

(4)求抛物线 $y^2=4x$ 及其在点(1,2)处的法线所围成的图形的面积；

(5)求由曲线 $y=x^2(x\geqslant 0)$，$y=x+2$ 与 y 轴所围成的平面图形的面积；

(6)设过曲线 $y=x^2(x\geqslant 0)$上的点 $P(x_0,y_0)$处的切线与该曲线及 x 轴所围成的图形的面积为$\frac{1}{12}$，求切线方程；

(7)在区间(2,6)内找一点，使曲线 $y=\ln x$ 在该点的切线与直线 $x=2$，$x=6$ 以及 $y=\ln x$所围成的平面图形的面积达到最小值.

6. 求下列曲线所围成的图形绕指定轴旋转而成的旋转体的体积.

(1) $\frac{x^2}{4}+\frac{y^2}{9}=1$,绕 x 轴;

(2) $y=(x-1)(x-2)$ 与 x 轴,绕 y 轴;

(3) $y=\sqrt{2x-x^2}$, $y=\sqrt{2x}$ 与 $x=2$,绕 x 轴;

(4) $y^2=x$, $y=x^2$,绕 y 轴.

第 5 章 常微分方程

5.1 微分方程的概念

1. 填空题.

(1)微分方程 $y''-4y'+4y=e^{2x}$ 的阶数是__________阶.

(2)微分方程 $xy'''-2(y')^2+5y=0$ 的阶数是__________阶.

(3)微分方程 $(x+2y)dx+(y-x)dy=0$ 的阶数是__________阶.

2. 选择题.

(1)下列等式中是微分方程的是(　　).

A. $y=2x+1$　　　　B. $y^2-3y+2=0$

C. $\frac{d^2y}{dx^2}=\cos x$　　　　D. $\sin^2 x+\cos^2 x=1$

(2)下列等式中是微分方程的是(　　).

A. $y'-x^2y'+y=0$　　　　B. $y=\frac{1}{x}$

C. $f(x)=\sin x$　　　　D. $e^x+e^y=x^2$

(3)微分方程 $y^{(5)}-16y'=2x$ 的阶数是(　　).

A. 一阶　　　　B. 二阶

C. 三阶　　　　D. 五阶

3. 验证函数 $y=Ce^{x^2}$ 是微分方程 $y'=2xy$ 的通解.

4. 验证函数 $y=\frac{1}{x}(C-\cos x)$ 是微分方程 $xy'+y=\sin x$ 的通解，并求满足初始条件 $y|_{x=\frac{\pi}{2}}=1$ 的特解.

5. 指出下列各题中的函数是否为所给方程的解. 若是解，指出是通解还是特解. 其中 C，C_1，C_2 为任意常数.

(1) $y''-2y'+y=0$，$y=x^2e^x$；

(2) $(x+y)dx+xdy=0$，$y=C-x^2$；

(3) $(x-2y)y'=2x-y$，$y=y(x)$ 为由方程 $x^2-xy+y^2=1$ 所确定的隐函数；

(4) $y''-(\lambda_1+\lambda_2)y'+\lambda_1\lambda_2 y=0$，$y=C_1e^{\lambda_1 x}+C_2e^{\lambda_2 x}(\lambda_1\neq\lambda_2)$.

5.2 一阶微分方程

1. 填空题.

(1)形如$\frac{\mathrm{d}y}{\mathrm{d}x}=f(x)g(y)$的方程,称为________________.

(2)形如$\frac{\mathrm{d}y}{\mathrm{d}x}+P(x)y=Q(x)$的方程,称为________________,当 $Q(x)\equiv 0$ 时,称为________________,当 $Q(x)\neq 0$ 时,称为________________.

2. 选择题.

(1)可分离变量方程$\frac{\mathrm{d}y}{\mathrm{d}x}=-\frac{x}{y}$分离变量为(　　).

A. $y\mathrm{d}y=x\mathrm{d}x$　　B. $\frac{\mathrm{d}y}{y}=-x\mathrm{d}x$

C. $y\mathrm{d}y=-x\mathrm{d}x$　　D. $\frac{\mathrm{d}y}{y}=-\frac{\mathrm{d}x}{x}$

(2)下列方程中是一阶线性微分方程的为(　　).

A. $3y'+2y=0$　　B. $3x+2y=0$

C. $2y=3x$　　D. $y^2+y+1=0$

(3)下列方程中是一阶齐次线性微分方程的为(　　).

A. $3y'+2y=x^2$　　B. $y'+\frac{1}{x}y=\frac{\sin x}{x}$

C. $y'+(\sin x)y=0$　　D. $y'+(\sin x)y=x$

3. 计算微分方程$\frac{\mathrm{d}y}{\mathrm{d}x}=2xy$ 的通解.

4. 计算微分方程 $xy'-y\ln y=0$ 的通解.

5. 计算微分方程 $\frac{\mathrm{d}y}{\mathrm{d}x}+y=\mathrm{e}^{-x}$ 的通解.

5.3 二阶常系数齐次线性微分方程

1. 填空题.

(1)二阶常系数齐次线性微分方程 $y''+3y'+2y=0$ 的通解为__________.

(2)以函数 $y=e^{2x}(C_1\cos x+C_2\sin x)$($C_1,C_2$ 为任意常数)为通解的微分方程为____________________.

(3)微分方程 $y''-y'-6y=0$ 的特征方程为______________,通解为______________.

(4)已知二阶常系数齐次线性微分方程有特解 $y_1=2e^{3x}$ 与 $y_2=e^{-x}$,该方程为__________.

2. 求下列微分方程的通解.

(1)$2y''+5y'+3y=0$;

(2)$y''+6y'+13y=0$;

(3)$4y''+12y'+9y=0$;

(4)$y''+4y'+5y=0$.

3. 求 $4y''+y=0$ 满足初始条件 $y(0)=1, y'(0)=1$ 的特解.

4. 已知函数 $f(x)$ 满足 $f'(x)=f''(x), f(0)=1, f'(0)=2$，求 $f(x)$.

5.4 二阶常系数非齐次线性微分方程

1. 填空题.

(1)用待定系数法求微分方程 $y''+2y'=2x^2+1$ 的一个特解时，应设特解的形式为____________________.

(2)用待定系数法求微分方程 $y''+3y'+2y=2x^2+1$ 的一个特解时，应设特解的形式为____________________.

(3)用待定系数法求微分方程 $y''+y=2x^2-3$ 的一个特解时，应设特解的形式为____________________.

(4)设 y_1 为微分方程 $y''+py'+qy=0$ 的通解，设 y_2 为微分方程 $y''+py'+qy=f(x)$的一个特解，则微分方程 $y''+py'+qy=f(x)$的通解为__________.

2. 求下列微分方程的通解.

(1)$y''+y=2x^2-3$；

(2)$y''-4y'+4y=3e^{2x}$；

(3)$y''-4y'+3y=1$；

(4)$2y''+5y'=5x^2-2x-1$.

3. 求微分方程 $y''-4y'=4xe^{x}$ 满足初始条件 $y(0)=0, y'(0)=0$ 的特解.

4. 求微分方程 $y''-y=x$ 满足初始条件 $y(0)=2, y'(0)=-1$ 的特解.

第5章 复习题A

1. 填空题.

(1)微分方程 $y^{(4)}-xy^{6}=\cos 2x$ 的阶数是______.

(2)方程 $y'=e^{x-y}$ 的通解是______.

(3)微分方程 $y''+4y'+4y=0$ 的通解为______.

(4)微分方程 $y''=\sin 2x$ 的通解为 $y=$______.

(5)以 $y=C_1xe^{x}+C_2e^{x}$ 为通解的二阶常系数齐次线性微分方程为______.

2. 选择题.

(1)微分方程 $(y')^2=x$ 的阶数为(　　).

A. 1　　B. 2

C. 3　　D. 4

(2)下列方程是一阶微分方程的是(　　).

A. $2y''+x^2y'+y=0$　　B. $(7x-6y)dx+(x+y)dy=0$

C. $(y')^2+xy^{(4)}-y^2=0$　　D. $(y'')^2+5(y')^2-y^5+x^7=0$

(3)方程 $\frac{d^3y}{dx^3}+e^{x}\cdot\frac{d^2y}{dx^2}+e^{2x}=1$ 的通解中应包含的任意常数的个数为(　　).

A. 2　　B. 3

C. 4　　D. 0

(4)方程 $y'+\frac{2}{x}y+x=0$ 满足条件 $y|_{x=2}=0$ 的特解是(　　).

A. $\frac{1}{x^2}(\ln 2-\ln x)$　　B. $\frac{4}{x^2}-\frac{x^2}{4}$

C. $\frac{x^2}{4}-\frac{4}{x^2}$　　D. $x^2(\ln x-\ln 2)$

(5)下列方程为可分离变量方程的是(　　).

A. $(x+y)dx=y^2dy$　　B. $x(ydx-dy)=ydx$

C. $x^2dy+ydx=(1+x)dx$　　D. $x(dx+dy)=y(dx-dy)$

(6)方程 $\frac{d^2y}{dx^2}-\frac{9}{4}x=0$ 的通解是(　　).

A. $y=\frac{3}{8}x^3+x$　　B. $y=\frac{3}{8}x^3+Cx$

C. $y=\frac{3}{8}x^3+C_1x+C_2$　　D. $y=\frac{3}{8}x^3+x+C$

(7)函数 $y=\cos x$ 是方程(　　)的解.

A. $y''+y=0$　　B. $y'+2y=0$

C. $y'+y=0$　　D. $y''+y=\cos x$

(8)求 $y''+4y'=x^2-1$ 的特解时,应令 $\overline{y}=$(　　).

A. ax^2+bx+c　　B. $x(ax^2+bx+c)$

C. ax^2+b　　D. $x(ax^2+b)$

(9)微分方程 $y''-4y'+4y=0$ 的两个线性无关的解是(　　).

A. e^{2x} 与 $2e^{2x}$　　B. e^{-2x} 与 xe^{2x}

C. e^{-2x} 与 $4e^{-2x}$　　D. e^{2x} 与 xe^{2x}

3. 已知曲线通过点(1,2),且在该曲线上任意点 $P(x,y)$ 处的切线斜率为 $3x^2$,求此曲线方程.

4. 求下列微分方程的通解.

(1) $(1+x^2)y\mathrm{d}y-x(1+y^2)\mathrm{d}x=0$;

(2) $\cos x\sin y\mathrm{d}x+\sin x\cos y\mathrm{d}y=0$;

(3) $\dfrac{\mathrm{d}y}{\mathrm{d}x}+\dfrac{e^{y^2+3x}}{y}=0$.

5. 求下列微分方程满足初始条件的特解.

(1) $y'=\mathrm{e}^{2x-y}, y|_{x=0}=0$;

(2) $\cos y\mathrm{d}x+(1+\mathrm{e}^{-x})\sin y\mathrm{d}y=0, y|_{x=0}=\frac{\pi}{4}$.

6. 求下列一阶线性微分方程的通解.

(1) $\frac{\mathrm{d}y}{\mathrm{d}x}-y=\mathrm{e}^{-x}$;

(2) $xy'+y=x^2+3x+2$;

(3) $y'+y\tan x=\sin 2x$;

(4) $(x^2-1)y'+2xy-\cos x=0$.

7. 求 $xy''-y'=x^2$ 满足初始条件 $y(1)=1,y'(1)=0$ 的特解.

8. 求下列微分方程满足所给初始条件的特解.

(1) $y''-3y'-4y=0,y|_{x=0}=0,y'|_{x=0}=-5$;

(2) $y''+25y=0,y|_{x=0}=2,y'|_{x=0}=15$;

(3) $y''+4y'+29y=0, y|_{x=0}=0, y'|_{x=0}=15$.

9. 求下列各微分方程的通解.

(1) $y''+y'-2y=2e^{x}$;

(2) $y''+2y'+y=5e^{-x}$;

(3) $y''+y=4\sin x$.

第5章　复习题B

1. 填空题.

(1) $y'=4x^3$ 的通解是__________.

(2) $y''+3y'+2y=\cos x$ 的阶数为__________.

(3)用待定系数法求微分方程 $y''+3y'+2y=5x^2+1$ 的一个特解时,应设特解的形式为____________________.

(4)用待定系数法求微分方程 $y''+y=4x^2-3$ 的一个特解时,应设特解的形式为____________________.

(5) $y''-3y'-10y=0$ 的通解为__________.

(6) $y''-3y'-10y=5x+2$ 的通解为__________.

(7)若 y_1 与 y_2 是方程 $y''+py'+qy=0$ 的两个特解,而且 $\frac{y_1}{y_2}$ 不等于常数,则方程 $y''+py'+qy=0$ 的通解为____________________.

2. 选择题.

(1)下列等式中是微分方程的是(　　).

A. $y'=3x^2$　　B. $y^2-3y+2=0$

C. $y=4x^3$　　D. $y=2x+1$

(2)微分方程 $y''+3y'-20y=0$ 的阶数是(　　).

A. 4　　B. 3

C. 2　　D. 1

(3)微分方程 $y''-2y'=3x+1$ 是(　　).

A. 齐次方程　　B. 一阶线性微分方程

C. 二阶常系数齐次线性微分方程　　D. 二阶常系数非齐次线性微分方程

(4)微分方程 $y'=2y$ 满足初始条件 $y(0)=2$ 的解是(　　).

A. $y=e^{2x}$　　B. $y=e^x+1$

C. $y=2e^x$　　D. $y=2e^{2x}$

(5)下列函数中是微分方程 $xy'=2y$ 的解的是(　　).

A. $y=5x^2$　　B. $y=5x$

C. $y=6x^2$　　D. $y=4x^3$

3. 求下列微分方程的解.

(1) $xy'+y=\sin x$；

(2) $y'=\frac{y^2}{x^2}-2$；

(3) $y'+y=\cos x$；

(4) $y'+3y=xe^x$；

(5) $y'+2y=4x$；

(6) $y'=\frac{x^4}{y^4}$；

(7) $y'+\frac{y}{x\ln x}=1$；

(8) $y''-2y'-3y=0$；

(9) $y''+9y=x$；

(10) $y''-5y'+6y=xe^x$.

4. 曲线 L 上任意点处的斜率等于该点横坐标与纵坐标之乘积，求此曲线 L 的方程.

5. 求一曲线方程，该曲线通过原点，并且在点(x,y)处的切线斜率等于 $2x+y$.

6. 求微分方程$\frac{\mathrm{d}y}{\mathrm{d}x}=\frac{\sec^2 x}{y^2}$满足初始条件 $y|_{x=0}=1$ 的特解.

7. 已知连续函数 $\varphi(x)$ 满足 $\varphi(x)=1+x+\int_0^x t\varphi(t)\mathrm{d}t+x\int_x^0\varphi(t)\mathrm{d}t$.

(1)求 $\varphi(x)$;

(2)求由曲线 $y=\varphi(x)$ 和 $x=0, x=\frac{\pi}{2}$ 及 $y=0$ 围成的图形绕 x 轴旋转一周所得旋转体的体积.

8. 已知方程 $(x-1)y''-xy'+y=0$ 的两个特解 $y_1=x, y_2=\mathrm{e}^x$，求方程满足初始条件 $y(0)=1, y'(0)=2$ 的特解.

综合测试题一

一、选择题.

1. 已知 $f(x)$在$(-\infty,+\infty)$上有定义,下列函数必为偶函数的是(　　).

A. $xf^3(x)$

B. $\frac{1}{x}f(x^2)$

C. $x|f(x)|$

D. $f(\cos x)$

2. 若函数 $f(x)$为 x^2+x 的原函数,且 $f(0)=1$,则$\int_0^1 f(x)\mathrm{d}x=$(　　).

A. $\frac{5}{4}$

B. $\frac{5}{6}$

C. $\frac{11}{6}$

D. $\frac{1}{4}$

3. 函数 $f(x)=\begin{cases}3, & x<-1,\\ -x^3+2, & -1\leqslant x\leqslant 1,\\ x^2+2, & x>1\end{cases}$的间断点个数为(　　).

A. 0

B. 1

C. 2

D. 3

4. 设函数 $f(x)$连续,且$\int_{\ln x}^{2} f(t)\mathrm{d}t=x^2-5x$,则 $f(0)=$(　　).

A. 0

B. 1

C. 2

D. 3

5. 设 $f(x)=\begin{cases}2+x^3, & x\leqslant 1,\\ ax+b, & x>1\end{cases}$在 $x=1$ 处可导,则 $a-b=$(　　).

A. 0

B. 1

C. 3

D. -3

6. 已知函数 $f(x)=\mathrm{e}^x+\sin 3x$,则$\frac{\mathrm{d}}{\mathrm{d}x}\int f(x)\mathrm{d}x=$(　　).

A. $\mathrm{e}^x+3\cos 3x$

B. $\mathrm{e}^x+\sin 3x$

C. $(\mathrm{e}^x+\sin 3x)\mathrm{d}x$

D. $\mathrm{e}^x+\sin 3x+C$

7. $\int_0^1(\sqrt{2x-x^2}+\sqrt{1-x^2})\mathrm{d}x=($　　$)$.

A. $\frac{\pi}{2}$　　　　B. π

C. 2π　　　　D. $\frac{\pi}{4}$

8. 设 $f(x)=\int_0^{\sin x}\sin(t^2)\mathrm{d}t, g(x)=x^3$，则当 $x\to0$ 时，$f(x)$ 是 $g(x)$ 的(　　).

A. 高阶无穷小　　　　B. 低阶无穷小

C. 等价无穷小　　　　D. 同阶但不等价无穷小

9. 微分方程 $y\mathrm{d}x+(2-x)\mathrm{d}y=0$ 的通解为(　　).

A. $y=C(x+2)$　　　　B. $y=Cx$

C. $y=C(x-2)$　　　　D. $y=\ln(x-2)$

10. 微分方程 $(y^2+1)\mathrm{d}x=2(1-x)y\mathrm{d}y$ 是(　　).

A. 一阶线性齐次方程　　　　B. 一阶线性非齐次方程

C. 可分离变量方程　　　　D. 二阶线性齐次方程

二、填空题.

1. $\lim\limits_{x\to0}[1+\ln(1+x)]^{\frac{2}{x}}=$__________.

2. 曲线 $y=\ln(x+1)+\mathrm{e}^x$ 在点 $(0,1)$ 处的法线方程为__________.

3. 设函数 $f(x)=\frac{1}{x}$，则 $f^{(2\,024)}(x)=$__________.

4. 曲线 $y=\frac{x^2}{x^2+x-2}$ 的水平渐近线为__________.

5. 微分方程 $xy'+4y=25x\ln x$ 满足 $y(1)=0$ 的特解为__________.

三、解答题.

1. 求由曲线 $y=x^2, y=\frac{1}{x}$ 在区间 $\left[\frac{1}{2},2\right]$ 围成的平面图形的面积.

2. 求由方程 $x^2+2e^y+3xy=2-x$ 确定的隐函数 $y=y(x)$ 在 $x=0$ 处的法线方程.

3. 求函数 $f(x)=x^3+6x^2-8$ 的单调区间和极值.

4. 设 D 是由曲线 $y=\ln x$ 与直线 $y=1,x=1$ 所围成的区域,求:

(1)区域 D 的面积;

(2) D 绕 y 轴旋转一周所得的旋转体体积.

5. 求微分方程 $y''+3y'=x$ 满足 $y'\left(\frac{1}{3}\right)=\frac{3}{\mathrm{e}}$, $y(0)=0$ 的特解.

综合测试题二

一、选择题.

1. 函数 $f(x)=x^3[\ln(1-x)-\ln(1+x)]$是(　　).

A. 奇函数　　B. 偶函数

C. 非奇非偶函数　　D. 既奇又偶函数

2. 设 $f\left(\frac{1}{x}-1\right)=\frac{x}{2x-1}$,则 $f'(x)=$(　　).

A. $\frac{1}{1+x}$　　B. $\frac{1}{1-x}$

C. $-\frac{1}{(1-x)^2}$　　D. $\frac{1}{(1-x)^2}$

3. 设曲线 $f(x)$在点 $x=-2$ 处的切线方程为 $y-\frac{1}{2}=-\frac{1}{3}(x+2)$,则 $f'(-2)=$(　　).

A. $\frac{1}{2}$　　B. $\frac{1}{3}$

C. $-\frac{1}{3}$　　D. -2

4. 下列函数中,微分等于$\frac{\ln x}{x}\mathrm{d}x$ 的是(　　).

A. $x\ln x+C$　　B. $\ln(\ln x)+C$

C. $\frac{1}{2}\ln^2 x+C$　　D. $\frac{\ln x}{x}+C$

5. $x=0$ 是函数 $f(x)=\frac{\ln(1+x)}{\sqrt{x+1}-1}$的(　　).

A. 可去间断点　　B. 跳跃间断点

C. 无穷间断点　　D. 振荡间断点

6. 以下结论正确的是(　　).

A. 一个函数的驻点必然是它的极值点

B. 一个函数的极值点必然是它的驻点

C. 一个函数在定义域内单调递增,则一阶导数必大于零

D. 可导函数极值点必然是它的驻点

7. 若 $\int f(x)\mathrm{d}x = 2\cos\frac{x}{2} + C$，则 $f(x) =$ (　　).

A. $\sin\frac{x}{2}$　　　　B. $\sin\frac{x}{2}+C$

C. $-\sin\frac{x}{2}$　　　　D. $-2\sin\frac{x}{2}+C$

8. 定积分 $\int_0^3 \sqrt{9-x^2}\mathrm{d}x =$ (　　).

A. $\frac{3}{4}\pi$　　　　B. $\frac{3}{2}\pi$

C. $\frac{9}{4}\pi$　　　　D. $\frac{9}{2}\pi$

9. $\mathrm{d}\int \mathrm{d}(\arctan x) =$ (　　).

A. $\frac{1}{1+x^2}\mathrm{d}x$　　　　B. $\arctan x\mathrm{d}x$

C. $\frac{1}{1+x^2}$　　　　D. $\arctan x$

10. 下列属于可分离变量的微分方程的是(　　).

A. $y'=\frac{1}{x+y}$　　　　B. $y''-2y'+y=0$

C. $y'+y=0$　　　　D. $y'+y=\sin x$

二、填空题.

1. 若 $f(x)=\begin{cases}\frac{\arcsin ax}{x}, & x<0, \\ \frac{\ln(1+x^2)}{1-\cos x}, & x>0\end{cases}$ 在 $x=0$ 处极限存在，则 $a=$__________.

2. 极限 $\lim\limits_{x\to\infty}\left(\frac{x+2}{x+3}\right)^{3x}=$__________.

3. $\int(\tan^2 x+\cot^2 x)\mathrm{d}x =$__________.

4. 若函数 $f(x) = x+1-\frac{1}{2}\int_0^1 f(x)\mathrm{d}x$，则 $f(x) =$__________.

5. 微分方程 $y'+\frac{2xy}{x^2+4}=0$ 满足 $y(0)=1$ 的特解是__________.

三、解答题.

1. 设函数 $f(x)=\begin{cases}x^2+x+2, & x\geqslant 0,\\ a+b\ln(1+x), & -1<x<0\end{cases}$ 在 $x=0$ 处可导,求 a 和 b.

2. 求由方程 $y=1+xe^y$ 所确定的隐函数 $y(x)$ 的二阶导数 $\frac{d^2y}{dx^2}$.

3. 求 $y=(x^3+3x^2-3x-3)e^{-x}$ 的单调区间和极值.

4. 求由曲线 $y=\frac{1}{2}x^2$，$y=\sqrt{2x}$ 所围成的平面图形绕 x 轴旋转一周所形成的旋转体体积.

5. 已知 $F(x)=\int_0^x t(t-1)\mathrm{d}t$，求 $F(x)$ 在 $[-1,2]$ 上的最大值和最小值.

综合测试题三

一、选择题.

1. 设 $f(x)$是连续函数,$F(x)$是 $f(x)$的原函数,则(　　).

A. 当 $f(x)$是奇函数时,$F(x)$必是偶函数

B. 当 $f(x)$是偶函数时,$F(x)$必是奇函数

C. 当 $f(x)$是周期函数时,$F(x)$必是周期函数

D. 当 $f(x)$是单调递增函数时,$F(x)$必是单调递增函数

2. 若函数 $y=f(x)$有 $f'(x_0)=\frac{1}{2}$,则当 $\Delta x\to 0$ 时,该函数在 $x=x_0$ 处的微分 $\mathrm{d}y$ 是(　　).

A. 与 Δx 等价的无穷小

B. 与 Δx 同阶的无穷小

C. 比 Δx 低阶的无穷小

D. 比 Δx 高阶的无穷小

3. 设函数 $f(x)=\begin{cases}\frac{1}{x^3}\int_0^x \sin t^2\mathrm{d}t, & x\neq 0,\\ a, & x=0\end{cases}$ 在 $x=0$ 处连续,则 $a=$(　　).

A. $\frac{1}{3}$

B. $\frac{1}{2}$

C. 0

D. 1

4. 函数 $y=\ln(1-2x)$在 $x=0$ 处的 n 阶导数 $y^{(n)}(0)=$(　　).

A. $2^n(n-1)!$

B. $-2^n(n-1)!$

C. $2^n n!$

D. $-2^n n!$

5. 曲线 $y=\frac{1}{x}$在点$\left(x_0,\frac{1}{x_0}\right)$处的切线与坐标轴围成的三角形面积 S 是(　　).

A. 1

B. 2

C. 4

D. 与 x_0 有关

6. 设 $f(x)=\begin{cases}x\mathrm{e}^{\frac{1}{x}}, & x\neq 0,\\ 0, & x=0,\end{cases}$ 则在 $x=0$ 处(　　).

A. 极限不存在

B. 极限存在但不连续

C. 连续但不可导

D. 可导

7. 若 $\int_{-\infty}^{0} e^{ax}dx = \frac{1}{2}$，则 a=(　　).

A. 1　　B. $\frac{1}{2}$

C. 2　　D. -2

8. 微分方程 $(1+x)dy-(1+y)dx=0$ 的通解为(　　).

A. $y=Cx$　　B. $y=Cx+C-1$

C. $y=Cx+C$　　D. $y=C+x$

9. 下列微分方程是一阶线性微分方程的是(　　).

A. $x(y')^2-2yy'+x=0$　　B. $xy+2yy'-x=0$

C. $xy'+x^2y=0$　　D. $(7x-6y)dx+(x+y)dy=0$

10. 下列微分方程是二阶齐次线性微分方程的是(　　).

A. $(y')^2+5yy''+xy=0$　　B. $x^2y''+2y'+y-x^2=0$

C. $yy''+x^2y'+y^2=0$　　D. $xy'+2y''+x^2y=0$

二、填空题.

1. 设 $f\left(x+\frac{1}{x}\right)=x^2+\frac{1}{x^2}+3$，则 $f(x)$=__________.

2. 设函数 $f(x)=\begin{cases}\dfrac{\sqrt{2+x}-\sqrt{2-x}}{x}, & -\sqrt{2}<x<0,\\ a, & x\geqslant 0\end{cases}$ 在 $x=0$ 处连续，则 a=__________.

3. 由曲线 $y=|\ln x|$ 与直线 $x=\frac{1}{e}$，$x=e$ 及 $y=0$ 所围成的区域的面积 S=__________.

4. 已知 $\cos x$ 为 $f(x)$ 的一个原函数，则 $\left[\int f(x)dx\right]'$ = __________.

5. 由曲线 $y=x^3(x\geqslant 0)$，直线 $x+y=2$ 以及 y 轴围成的平面图形绕 y 轴旋转一周所得旋转体的体积为__________.

三、解答题.

1. 求由方程 $e^y+6xy+x^2-1=0$ 确定的隐函数 $y=y(x)$ 的二阶导数 $y''(0)$.

2. 设函数 $f(x)=\frac{a}{1+e^{bx}}$，其中 a,b 为常数，且 $ab\neq 0$.

(1)判别 $f(x)$ 在区间 $(-\infty,+\infty)$ 内的单调性；

(2)求曲线 $f(x)$ 的拐点；

(3)求曲线 $y=f(x)$ 的水平渐近线.

3. 设有界平面图形 G 由曲线 $y=e^{ax}$ 和直线 $y=e$，$x=0$ 围成，其中 $a>0$，若 G 的面积等于 1.

(1)求 a 的值；

(2)求 G 绕 y 轴旋转一周而成的旋转体体积 V.

4. 求函数 $f(x)=(x-1)^2(x-2)^3$ 的单调区间和极值.

5. 已知函数 $f(x)$满足 $f''(x)-4f(x)=0$，且曲线 $y=f(x)$在点$(0,0)$处的切线与直线 $y=2x+1$ 平行.

(1)求 $f(x)$；

(2)求曲线 $y=f(x)$的凹凸区间与拐点.